藏猪保育

捕获方法

哺乳

藏野杂交仔猪14头

藏猪公猪

藏猪母猪

杂交藏猪母子　　　　　　　　冬季放牧藏猪

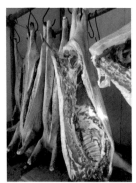 

胴体

放牧自由配种

放牧藏猪

临产母猪

临产母猪

沙地养猪

舍饲妊娠

舍饲喂草

网上保育

优质燕麦青干草

原生态养殖

藏猪 养殖技术

王 杰◎等 编著

图书在版编目（CIP）数据

藏猪养殖技术／王杰等编著.—北京：中国农业科学技术出版社，2020.6（2022.7重印）

ISBN 978-7-5116-4724-5

Ⅰ.①藏…　Ⅱ.①王…　Ⅲ.①养猪学　Ⅳ.①S828

中国版本图书馆 CIP 数据核字（2020）第 072695 号

责任编辑　闫庆健
责任校对　马广洋

出 版 者　中国农业科学技术出版社
　　　　　　北京市中关村南大街 12 号　邮编：100081
电　　话　(010)82106632(编辑室)　　(010)82109704(发行部)
　　　　　　(010)82109709(读者服务部)
传　　真　(010)82106625
网　　址　http://www.CASTP.cn
经 销 者　各地新华书店
印 刷 者　北京捷迅佳彩印刷有限公司
开　　本　850mm×1 168mm　1/32
印　　张　9.625　　彩插　4 面
字　　数　215 千字
版　　次　2020 年 6 月第 1 版　2022 年 7 月第 2 次印刷
定　　价　39.00 元

《藏猪养殖技术》

编著人员　王　杰　马向花　文生萍　王　源

主　　审　周继平（青海省畜牧兽医科学院）

前　言

　　本书以服务"三农"为宗旨，内容适合当前我国藏猪养殖业现状，针对藏猪养殖企业在实际生产中所遇到的问题，如藏猪品种介绍、杂交繁育、饲养管理、疾病预防、兽医用药、经营管理、电子商务等。经过多方实际调研，参阅各位专家学者在藏猪研究领域新成果，完成设计并编写，期望能够在藏猪生产过程中能够产生实际指导作用。

　　以藏猪养殖工艺为主线，该书整体上设计为上、中、下3篇。上篇"藏猪繁育与饲养技术"，主要包括概述、藏猪品种介绍、藏猪育种与改良、藏猪繁育技术、藏猪饲养管理技术、藏猪饲料开发与利用等6个模块；中篇"藏猪疫病控防技术"，分解为兽医基础知识、藏猪常见传染病、藏猪常见寄生虫病、藏猪常见普通病等4个模块；下篇为"藏猪养殖业经营管理"，分为藏猪养殖场规划设计，藏猪场经营管理2个模块。在每个模块下设任务，每个任务序分为"重点理论"和"技术要点"2个部分。"重点理论"部分设置必需的理论知识，"技术要点"突出本任务下技能部分的具体操作方法与手段，两者相辅相成，旨在要求读者理解本模块中必需理论的前提下，能够遵循内含的技术操作要点进行实际生产指导。附录部分增加了相关标准与技术规范，作为藏猪进一步科学化养殖的辅助参考内容。其中王杰编写了模块1到模块5，模块7到模块10，共计9个模块，合计8.6万字；马向花编写了模块11，合计1.1万字；文生萍编写了模块6，合计1.1万字；王源编写了模块12和模块13，合计1.6万字。本书内容力求做到重点理论内容精炼清晰，并突出技术执行力度，既具备一定的理论性又具有鲜明的技术可操作性。可作为藏猪养殖生产实际指导用书，也可用于藏猪养殖企业技术人才培训用书。

本书在青海省海南州科技局2019年度"创新计划及产业化促进计划"项目经费支持下完成，特别感谢青海省海南州科技局、海南州科技信息中心、共和县农业和科技局、青海畜牧兽医职业技术学院各位领导及老师的大力支持，感谢青海省养猪平台周继平教授的细心审核，亦感谢各位参编老师在百忙之中的全力付出。

编著者

2020 年 5 月

目 录

上篇 藏猪繁育与饲养技术

中篇　藏猪疫病防控技术

上　篇
藏猪繁育与饲养技术

模块1　概述

【重点理论】

一、我国养猪历史

　　家猪是从远古野猪驯化而来，中国也是最早将野猪驯化为家猪的国家。中国养猪的历史可以追溯到新石器时代。一般认为是距今约 8 000 年的河北省武安县磁山遗址出土的甲骨文记载，商、周时代已经有猪的舍饲，而且发明了阉猪技术。阉割过的猪肉质鲜嫩、易于保存，距今 1 万年到 7 000 年这段时间中猪肉对当时人类的肉食贡献率达 70% 左右，除肉食所用外个别地区驯化猪是为了祭祀，例如，西辽河地区有较明显的"猪灵崇拜"，曾出现人猪合葬的现象。从各种猪型文物来看，商周时期中国培育的家猪品种有北方大耳猪和南方小耳猪两种。

　　汉代随着农业生产的发展，养猪已不仅为了食用，也为了积肥（图1-1）。这一情况促进了养猪方式的变化。汉代以前虽已有舍饲，但直至汉代，放牧仍是主要的养猪方式。当时在猪种鉴定上已知猪的生理机能与外部形态的关系，这对汉代选育优良猪种起了很大作用。魏晋南北朝时期舍饲与放牧相结合的饲养方式逐渐代替了以放牧为主的饲养方式。

汉代陶猪圈

图1-1　汉代陶猪圈

　　在汉代，中国的优良猪品种就实现了出口，汉代华南小耳形猪被古罗马引入，用来改良本地猪进而育成了罗马猪，最著名的是1770年前后英国人引入广东猪种，通过英国本土猪、暹罗猪杂交培育成新品种巴克夏猪，而约克夏猪也由英国当地猪与含有中国血统的猪杂交育成。

　　在养猪发达国家中，猪品种对养猪生产技术进步贡献率占40%~50%，但我国养猪业处于传统养猪生产向现代养猪生产的初级转型阶段。改革开放后引入杜洛克、长白猪、大白猪，使中国养猪生产水平得到明显提高，我国养猪业从数量上和质量上都发生了巨大变化。这些变化应归功于杜×长×大杂交模式在我国的发展。

培育品种方面我国自 20 世纪 70 年代开始，迄今已培育了大量的瘦肉型品种和配套系，这些品种和配套系在我国养猪生产中发挥的作用却不理想。而中国地方猪种肉质优良，肌肉嫩而多汁，肌纤维较细，密度较大，肌肉大理石花纹分布适中，烹调时产生特殊的香味，肉质显著优于外国猪种。在当前养猪业回归自然的呼声中，是当前猪育种考虑的一条主要方向。将成为我国猪肉竞争国际市场的优势条件之一。

我国地域辽阔、地理环境多样、海拔气候差异大，造就了众多的地方猪品种，拥有丰富的猪种遗传资源。目前世界上存在着 300 多个猪品种，其中我国占 126 个。已经收录在《中国猪品种志》的地方品种有 48 个、培育品种 12 个、国外引进品种 6 个。在地方猪种中有以繁殖率高著称的太湖猪；有适应寒冷气候，具有不同特点的地方优良品种，如西北八眉猪、藏猪等。

养猪业是我国有着悠久历史的传统产业，在现代农业和农村经济中占有重要地位。我国是世界上养猪产业和猪肉消费第一大国。养猪产业不仅满足了人们对猪肉及其产品的需求，还对部分人民群众致富增收、促进劳动力就业、推动相关产业的发展具有重要的意义。

二、我国生猪产业地位

世界 130 个养猪国家中欧洲占 32.30%，非洲占 25.38%，美洲为 18.48%，亚洲占 13.84%，大洋洲占 10.00%，亚洲排第 4 位。在 1 271 个品种统计计数中，欧洲占 39.58%，亚洲占 24.15%，美洲为 16.76%，非洲占 10.07%，大洋洲为

9.44%（图1-2）。

20世纪80年代到21世纪初是中国畜牧业发展最迅速的时期。

全球生猪期初存栏分布

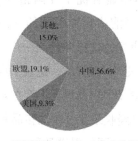

数据来源：USDA、芝华数据

中国畜禽饲养产值占比

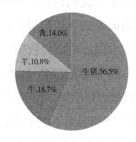

数据来源：芝华数据、国家统计局

图1-2　全球生猪养殖分布及中国畜禽饲养产值分布

我国人口占世界总人口的19.0%，猪肉消费量占世界猪肉消费量的49.6%，我国生猪养殖量占世界生猪总养殖量的56.6%。猪肉在国内肉类产量和消费量占比均超过60%。2017年中国生猪饲养产值接近1.3万亿元，生猪产业体量巨大。

中国为生猪出产第一大国，2014年至2016年我国生猪产量占全球生猪总产量的比例分别为57.03%、55.15%、53.93%，美国及欧盟各国也是传统的生猪出产大国。

三、生猪产业发展历程

● （一）我国生猪产业发展阶段 ●

1949—1978年生猪供给严重不足阶段。在这个阶段生猪产业发展非常缓慢，群众凭票消费猪肉。1978 年全国生猪存栏 3 亿头，能繁母猪存栏 2 418 万头，出栏量约 1.60 亿头，猪肉产量 790 万吨，年人均猪肉占有量 8.2kg。

1978—1984 年生猪产业恢复阶段。农村联产承包责任制改革，农民生猪养殖积极性提高，1984 年出栏量 22 050 万头，年人均猪肉占有量 13.92kg。

1985—1997 年生猪产业快速发展阶段。1985 年生猪购销政策全面放开，到 1997 年，全国猪肉产量 3 596.5 万吨，年人均猪肉占有量 30kg，这一阶段生猪养殖主要以年出栏 500 头以下养殖户为主。

1997—2006 年生猪产业结构调整阶段。这一阶段生猪产业由于面临养殖效率低、食品安全以及环保压力等问题，促使生猪产业向提高生产效率、追求商品质量和优化养殖结构的方向转变。2006 年年出栏 500 头以上规模化养殖占 15%。年出栏 6.1 亿头，猪肉产量 4 653 万吨，年人均猪肉占有量 35.5kg。

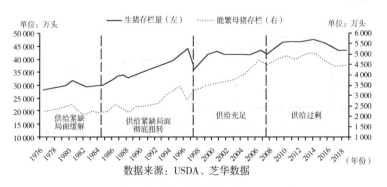

图 1-3　中国生猪产业发展阶段

2007年至今是规模化发展阶段。21世纪以来，市场经济迅速发展导致生猪产业快速发展，但受宏观经济、疫病、国家政策调控、环保政策等因素影响，供需难以稳定均衡，猪肉价格呈周期性大幅波动。国家统计局数字显示，2017年我国生猪存栏4.3亿头，同比下降0.4%；出栏6.9亿头，同比上升0.5%。猪肉产量5 340万吨，增长0.8%（图1-3）。

● （二）我国生猪养殖场（户）变化 ●

2015年以来，国家新环保政策实施和限养禁养政策冲击下。中小养殖户加速退出，规模养殖企业大幅扩张。芝华数据统计显示，生猪主产区广东、福建、安徽、湖北、河南等主产省份退出比例最高达30%。中小散户退出，或养殖区域转移，规模养殖企业继续增加产能，截至2015年年末全国生猪养殖户数量降至4 000万户。2016年年出栏500万头以上出栏量占比达到45%（图1-4）。

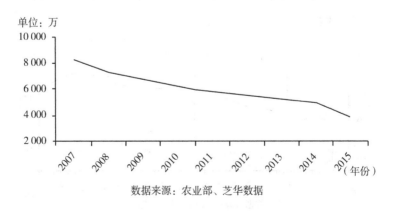

数据来源：农业部、芝华数据

图1-4　2007年以来生猪饲养规模场户数

2016年4月农业部（现称"农业农村部"）发布《全国生猪生产发展规划（2016—2020年）》，政策上指导生猪产业转型升级和绿色发展。

四、生猪产业发展现状

（一）近年来生猪养殖分布区域

我国生猪养殖分布比较广泛，但相对集中在粮食主产区。前十大主产省（自治区）为：四川、河南、湖南、山东、云南、湖北、广西壮族自治区（全书简称广西）、广东、河北、江苏。四川养殖量位居全国首位，其出栏量占全国总出栏量10%左右。另外中东部气温适宜，水源方便，有利于生猪生长，加之东南部经济比较发达，人口比较多，造成我国生猪养殖主要集中在华东、华中、西南和华南。东北地区养殖量也比较大，主要供往京津冀和内蒙古自治区（全书简称内蒙古）一带，东北地区也有养殖优势，饲料成本比较低，交通便利，地域辽阔，适合规模化养殖企业发展（表）。

（二）今后生猪养殖发展区域

2016年发布的"十三五"生猪产业发展规划规定，将四川、河南、河北、山东、广西、海南和重庆划为生猪养殖重点发展区。长江中下游和南方水网区的两湖、长三角、珠三角一带规划为约束发展区。东北、内蒙古和西南地区的云南、贵州地区地域辽阔，粮食资源充足，适合养殖规模化发展，是潜力增长区。山西、陕西等西北地区地域宽广、可实行规模化发展，定为养殖适度发展区。

表　2016 年我国生猪出栏数量

地区	占比（%）	2016年肉猪出栏头数（万头）	主要养殖省份
华东	24.16	16 548.13	山东、江西、江苏、安徽
华中	23.57	16 149.11	河南、湖北、湖南
西南	20.60	14 111.16	四川、云南、贵州、重庆
华南	10.72	7 341.66	广东、广西
东北	8.87	6 072.84	黑吉辽
华北	8.38	5 742.1	河北
西北	3.70	2 537.04	山西、陕西
总计	100	68 502.04	

数据来源：芝华数据

五、生猪产业发展前景

● （一）发展前景 ●

猪肉终端需求可分为：低端安全猪肉、中端有机猪肉、高端地方特色猪肉。

1. 消费提高有效推动生猪产业升级

当前人均收入水平提高以及健康消费理念的确立，消费者对优质安全具有品牌效应和特色猪肉产品更加喜好。这种猪肉消费需求推动养猪产业升级，健康其具有有特色的产品将是未来猪肉消费市场发展的主要方向。

2. 养猪业标准化发展

我国生猪产业正处在向标准化进程发展过程中。特别是 2018 年 8 月以来，在"非洲猪瘟"的影响下，未来中小型养殖企业逐步被淘汰，退出市场，养猪龙头企业不断整合壮大，专业化分工明确，种猪培育→仔猪哺育→育肥饲养，各养殖阶段的专业化分工协作比例将不断增加。生猪养殖模式将会越来越标准化。

3. 养殖区域重新调整

根据"十三五"生猪产业发展规划的生猪重点发展区和潜力增长区表明，重点发展区在满足本区域需求同时还要供应长三角和珠三角一带。潜力增长区是发挥其资源优势，支持产业化龙头企业发展建设，发挥其产业带动作用。生猪产业龙头企业在东北和西南的云贵地区的布局已有规划和建设，是将来产业发展重点。

4. 冷链物流体系趋于完善

2018年3月农业农村部发布公告鼓励畜禽养殖、屠宰加工企业推行"规模养殖、集中屠宰、冷链运输、冷鲜上市"模式，提升畜禽就近屠宰加工能力，建设畜禽产品冷链物流体系，减少畜禽长距离移动，降低动物疫病传播风险，维护养殖业生产安全和畜禽产品质量安全。冷链物流配送体系将会有比较好的发展完善。

5. 产业与金融深入结合

猪价上下波动为特征的猪周期造成对猪产业链上下游经营利润的不稳定，市场风险很大。从国内外市场发展经验来看，生猪产业融合金融工具的运用对生猪产业乃至全国农业的健康发展将会发挥非常重要的作用。

● （二）存在问题 ●

1. 国家环保监管力度加大，对养猪企业要求更严格

2014年以来，国家相继出台了《畜禽规模养殖污染防治

条例》《畜禽养殖禁养区划定技术指南》《水污染防治行动计划》等一系列旨在加强环境保护力度的法律法规和政策，畜牧养殖行业整体进入了环保高压期。新建猪场或老猪场为了解决生猪养殖带来的环境污染问题，都需要制定相关的环保措施，同时对粪污资源化利用进行探索，尽可能将养猪的污染问题降低到最小范围。国家环保政策解读日趋严格，与在原来政策条件下建成的养猪企业在环保要求方面存在矛盾，部分地区不适合养猪业发展，这导致不达标养猪场转型或关闭或搬迁，这种发展中存在的必然矛盾，需要在较长的时间内逐步解决。

2. 生猪养殖效率有待提高

我国养猪业的整体水平与世界先进水平相比仍有较大差距，尤其在生产效率方面差距较为明显。荷兰、丹麦等国每头母猪年提供出栏生猪约 28 头，美国为 23 头，而我国仅为 16 头。我们引进了世界各地的优良种猪品种，但缺乏高水平的育种企业，导致引进种猪机能退化较快。

3. 疫病严重影响行业发展

生猪生长过程中伴随着各种疫病的威胁。近年来存在较为严重的猪瘟、伪狂犬病、蓝耳病和非洲猪瘟等疫病，直接给企业的生产带来巨大损害，也会对消费者心理产生冲击，导致销售市场的萎缩。目前，我国生猪养殖业在猪病的防控上，不重视生物安全体系建设，过度依赖疫苗是普遍现象。猪的流通和交易及引种仍是猪病的主要传播途径。

4. 主要饲料资源紧缺

我国饲料蛋白质资源短缺严重，对外依存度较大。大豆长期依赖进口。近年来玉米进口量也在大幅增加。这导致我国猪肉的生产成本远高于发达国家，这对于减少进口猪肉对国内市场的冲击变得非常困难。

六、藏猪产业发展概况

●（一）藏猪产业现状●

藏猪是世界上少有的高原型猪种，是我国宝贵的地方品种资源，也是我国国家级重点保护品种中唯一的高原性猪种。近十年应市场需求的加大，在高原地区生活了几千年的古老品种藏香猪开始被引种到内地，并且部分地区已经发展到一定规模。四川、甘肃、陕西、山东、江苏、贵州、江西、福建、安徽、河北、河南、山西、湖北、重庆、云南、青海、湖南、广西、广东等地区都有养殖。其中云贵川陕苏发展较好。

藏猪长期生活于无污染、纯天然的高寒山区，具有适应高海拔恶劣气候环境、抗病、耐粗等特点，饲养成本低，是一种放牧型的猪种，藏猪具有沉脂能力强及适应粗放饲养自然环境的特点。

其肉质脂肪与肌肉相间分布，具有肉质细嫩，口感佳，绿色健康的特点，具有良好的食用价值。随着我国经济的快速发展，藏猪品种得到了消费者的喜爱，人们对藏猪的产品需求也在不断增加。

藏猪养殖主要采用传统散养模式，生长缓慢且繁殖能力较低，饲养周期较长，限制其种群的扩繁速度，藏猪繁殖力较低，使养殖规模和范围受到一定的限制，使藏猪的出栏数量受到很大的限制。同时，藏猪长期处在一种自繁自养的状态，近交的现象比较严重，导致了纯种的藏猪品种分布范围不断减小，藏猪的数量和规模也在不断缩减。对很多藏猪产区来说，地区经济比较落后，农牧民的综合素质低下，养殖观念比较滞后，并没有科学养殖和商品化发展的意识。另外，在藏猪产业开发中，研究人员较少，对资金的投入不够，科技力量存在不足，使藏猪在保种育种、生产繁殖、科学养殖、疾病防控、产品链的延伸以及经营管理等方面存在一些问题有待解决。

●（二）藏猪产业发展前景 ●

2004 年，藏猪品种正式列入《中国畜禽品种志》，被正式确定为地方原始猪种。

社会经济发展，消费者对特色肉类需求增长发展潜力大，藏猪产品具有一定的市场前景，主要体现在以下几个方面。

1. 特色基因品种

藏猪作为古老原始品种，具有抗御恶劣自然气候的能力，耐粗饲，抗病力强，饲养成本低，耗料少的特点。通过现代改良技术，可以为我国培育出耐寒、耐粗饲、抗逆性强、新品种（品系）提供不可多得的宝贵基因资源，将在未来新品系育种工作中发挥独到的作用。这就要求根据具体地方条件进行保种，为发展提供猪品种资源储备，进行特色猪品种的保种与提纯，增强猪产业开发，满足市场多样化、优质化需求。

早在 20 世纪 90 年代，西藏自治区畜牧兽医科学研究所对藏猪资源进行深入调研，并明确了藏猪遗传基因对畜牧业发展的价值。1993 年，有关方面将工布江达县错高乡确定为藏猪原种保护区。

2. 健康食品构成

随着人们生活水平的提高，对绿色健康的动物性食品需求越来越高。藏猪产品具有皮薄、瘦肉率高、肉质细嫩、野味较浓、适口性好等特点。可生产酱、卤、烤等多种制品。可开展藏猪食品深加工，建立形成具有地方和民族特色的品牌化加工产品体系，并进行相关认证。

3. 能够充分适应各种自然条件

文献研究发现，藏猪在生长速度和繁殖性能由于饲料营养水平提高及环境条件改善，仔猪的成活率明显高于放养的方式，达到 95%，接近集约化猪场的水平。这说明藏猪饲养方式可以向规范化的高效养猪产业转变。利用藏猪耐粗饲特点，加强农副产品循环利用，一方面可以保护生态环境，另一方面用于生态养猪，有利于农业产业链的优化。

4. 建立与推广藏猪生产技术体系

标准化生产是现代畜牧业发展的必然要求。利用科研机构和企业结合，建立并推广应用市场需求的藏猪标准化、产业化体系，初步形成生产优质高档猪肉的生产技术标准，形成繁殖、饲养标准、育种、经营管理、规范化疫病防控等生产技术。与国内外市场进行衔接，带动养猪企业，深化加工，延伸产业链，提高综合经济效益。

5. 疫病预防前景堪忧

生猪生长过程中伴随着各种疫病的威胁。我国生猪养殖业在猪病的防控上，仍然过分依赖疫苗免疫，而不重视生物安全体系建设和完善，疫苗的不科学使用依旧是普遍现象。口蹄疫、猪瘟、伪狂犬病、非洲猪瘟等疫病净化力度不足，猪的流通和交易仍是猪病的主要传播途径。

● （三）藏猪产业发展建议 ●

1. 建立完善的保种育种管理体系

要从生态环境的建设以及经济发展高度进行把握，将藏猪产业的可持续性发展作为藏猪产业发展的主要目标，将生态建设与藏猪品种的资源保护作为工作的重点，来进行藏猪的养殖。相关部门需要有计划地进行育种工作，对杂交组合的最佳方案进行筛选，对原种各项生产的性能指标进行保护，繁育出具有生长快、耐粗饲、肉质优以及抗病力强猪种，构建出具有分明层次的"保护区—原种场—选育扩繁—生产加工"管理体系，同时科研部门也需要加大对杂交选育品种的探索力度。

2. 政策积极鼓励企业参与

为了促进藏猪产业的发展，相关部门需要积极地鼓励一些社会相关企业参与，实现藏猪养殖的产业化发展。地区相关部门将各项政府优惠政策和扶持项目进行有效地落实，支持社会企业参与到藏猪产业中推动藏猪产业的发展。严格各项环节的监督检验，同时对地区企业还要从资金以及政策上进行有效的扶持，形成良好的藏猪产业结构，促进藏猪产业的发展。

3. 加强行业技术人员培训

在藏猪产业发展中，行业技术人员的综合素质直接决定藏猪产业的发展速度。要促进藏猪产业的可持续性发展，就需要相关部门进一步加强行业技术人员的培训。可以定期在藏猪养殖地区进行先进养殖技术传授，并设立相应的技术推广站点，来针对性服务，这对藏猪产业的可持续发展具有重要的意义。

模块2 藏猪品种介绍

【重点理论】

猪的品种是在特定的自然生态环境和社会经济条件下，历经长时间有目的选择而形成的一个具有共同来源，相似的外貌体形和生产性能，并能将这些特征特性稳定地遗传给后代，且拥有一定数量的种群。社会经济发展和人类生活需求影响着猪品种发展的方向和类型的消长。

一、我国地方猪种分类

我国地方猪种，按其分布区域自然生态条件、社会经济、农业生产、饲养条件以及移民等因素，对猪的体形外貌，生产性能进行分析归类，将地方猪种大致划分为华北型（Ⅰ）、江海型（Ⅱ）、华中型（Ⅲ）、华南型（Ⅳ）、西南型（Ⅴ）、高原型（Ⅵ）六个类型，目前除纯种繁殖场保种繁育外，大部分地区地方猪种已被各色杂种猪所替代，纯种地方猪种面临着消亡的境地。

二、藏猪资源分布概况

藏猪是世界上少有的高原型猪种，是我国唯一的高原放牧猪种。藏猪主产于青藏高原，分布在海拔 2 800~3 500m的农区和半农半牧高寒地区，具备耐粗饲、抗病力强、抵御恶劣自然气候能力强等特性。藏猪就是在这种高寒、封闭的特定山陵地带生活，它是通过自然选择作用而形成的耐寒品种。主要分布在西藏自治区及毗邻的四川甘孜藏族自治州、云南迪庆藏族自治州等交通极不便利的亦农亦牧高寒地区，包括云南迪庆藏猪、四川阿坝及甘孜藏猪、甘肃的合作猪以及分布于西藏自治区山南、林芝、昌都等地的藏猪类群。藏猪长期生活于无污染、纯天然的高寒山区，具有皮薄、胴体瘦肉率高、肌肉纤维特细、肉质细嫩、野味较浓、适口性极好等特点。

三、藏猪的体形外貌特点

藏猪被毛多为全黑色，少数为黑白花和红毛，部分藏猪具有不完全"六白"特征，少数藏猪为棕色，也有仔藏猪被毛具有棕黄色纵行条纹。鬃毛长而密，并有大量绒毛，能够抵御严寒；藏猪体形小，头狭长，嘴筒直尖，呈锥形，犬齿发达，耳小竖立，体型狭窄，背微弓，臀窄而倾斜，后躯略高于前躯，腹紧，四肢坚实有力，蹄小结实，行动灵活；据测定，公猪体长均值 86cm，胸围 35cm，体高 43cm，体重

26kg。母猪体长 85.5cm，胸围 73cm，体高 50cm，体重 34kg。藏猪放牧性能较好，抗逆性强，生长缓慢，适应高寒气候，形似野猪；属小型晚熟猪种，性成熟较晚，初产母猪每胎平均产仔 5~6 头。经产母猪每胎平均产仔 9 头左右，（图 2-1、图 2-2）。

图 2-1　藏猪（母）

图 2-2　藏猪（公）

四、藏猪的生产性能特点

藏猪是世界上少有的高原型猪种，能适应高原高寒气候，在海拔 2 500~3 500m 的青藏高原半山区地带，年平均气温在 7~12℃、冬季最低气温在 -15℃ 以下，饲料资源缺乏时，在终年放牧和粗放的饲养管理条件下，仍能很好地生存下来。这种极强的适应能力和抗逆性，是其他猪种所不具备的独特种质特性。

了解藏猪生产性能包括繁殖性能、肥育性能和胴体品质，事关生产成本的有效降低和产品价值的最大优化。对提高藏猪生产的经济效益具有实际意义。

● （一）藏猪的繁殖性能 ●

繁殖性能包括每窝总产仔猪数、每窝断奶仔猪数、初生重、断奶窝重和断奶头数等指标。繁殖性能主要受排卵数目和发育期间胚胎存活率的影响，采用杂交方法则优势明显。

1. 每窝总产仔猪数

指出生时全部仔猪数，包括死胎和木乃伊在内的总数，应在仔猪全部出生完后测定，并做好记录。

2. 每窝活产仔猪数

指出生时活的仔猪数，如出现畸形、出生即死等，记录时应加以说明。

3. 初生重

包括两个指标，既初生窝重和初生个体重。应在出生后12h内逐个称重，得其窝重，也可全窝称重，求其平均个体重。

4. 断奶窝重

指断奶时全窝仔猪的总重量。可个体称重取其和，但要关注个体差异大小，一般 45~60 日龄（应注明断奶日龄）。产活仔猪数与断奶仔猪数的比值为存活率，对养猪生产具有积极意义，也是反应母猪生产性能的一个重要指标。

5. 断奶头数

指断奶时全窝仔猪的数量。藏猪母猪乳头多为 5 对以上，发情周期平均为 19d，发情持续期 3～7 天。妊娠期 110～124 天。一年繁殖两次，分别为 8—9 月和 2—3 月。初产母猪胎均产仔 5.3 头，经产母猪每胎平均产仔 7 头。

● (二) 藏猪的肥育性能 ●

猪的肥育性能是一项具有中等遗传力的数量性状，可以通过选择获得遗传改进。藏猪的肥育性能包括生长速度（日增重）和饲料转化率。

1. 生长速度

生长速度一般指仔猪断奶至育肥结束期间的平均日增重。也可用体重达到 100kg 所需日龄作为反应生长速度的指标，或达到一定日龄时的体重作为反应生长速度的指标。通常多用平均日增重和体重达到 100kg 时的日龄来表示。

$$平均日增重 = \frac{结束重 - 起始重}{育肥天数}$$

2. 饲料转化率

饲料转化率或称耗料增重比或增重耗料比，即料肉比。肥育性能测定常用每单位增重所需要的饲料量来表示。

$$饲料转化率 = \frac{育肥期饲料消耗量}{结束重 - 起始重}$$

藏猪放牧区域最好是森林及灌丛覆盖率在 60% 以上，藏猪一般会选择在野果树及可食性草本植物较为集中的区域，这些区域具备植物果实、野生菌、可食根茎等饲料资源（图 2-3）。其次放牧区域地表水源要求较为丰富，较为良好的生态环境。但能够满足放牧条件的地方较少，加之环保要求，当前，藏猪放牧地基本上选择在人工种植多年生草本地域阶段性放牧。藏猪在终年天然草地放牧饲养条件下（图2-4），育肥猪增重缓慢，12月龄体重20~25kg，24月龄时35~40kg。

图2-3　放牧藏猪

在舍饲条件下，采用混合料自由采食，育肥猪300日龄时体重达54kg，日增重175g，平均体重49kg，屠宰率65%，胴体瘦肉率52%，脂肪率28%，膘厚3cm，眼肌面积17cm²。

图2-4　舍饲藏猪

试验表明，杜藏杂交组合240天体重达85kg，料肉比为3.8，瘦肉率49%。

五、藏猪产品特点

● （一）猪胴体品质 ●

胴体品质包括胴体性状和肉质性状两大部分。胴体性状包括宰前重、胴体重、屠宰率、胴体长、背膘厚、眼肌面积、腿臀比例、胴体瘦肉率和脂肪率。肉质性状包括肌肉 pH 值、肉色、系水力、熟肉率、肌肉嫩度、肌肉脂肪含量、肌肉内其他成分的含量等。

1. 胴体性状

宰前重：被测猪只体重达到出栏要求后，停食不停水，24h 后空腹称重。

胴体重：屠宰后按一定部位除去头、蹄、尾及内脏，保留板油和肾脏后的体重量为胴体重。

屠宰率：指胴体重量占屠宰前体重量的百分率，公式为：

$$屠宰率（\%）=\frac{胴体重}{宰前重}\times100$$

胴体长：胴体在倒挂状态下测量其耻骨联合前缘至第一肋骨与胸骨接合处之间的长度。（单位：用 cm 表示）

背膘厚：胴体背中线肩部最厚处、胸腰椎结合处和腰荐椎结合处三点膘厚平均。活猪可用超声波测膘仪来测定（单位：用 cm 或 mm 表示）。

眼肌面积：胴体腰荐椎结合处背最长肌横截面的面积，用眼肌面积测定仪测定。

腿臀比例：沿腰椎与荐椎结合处垂直线切下的腿臀重量

占胴体重量的比例。计算公式为：

$$腿臀比例（\%）=\frac{腿臀重}{胴体重}×100$$

胴体瘦肉率和脂肪率：将左半胴体分割为骨骼、皮肤、肌肉、脂肪四种组织，分别称其重量，计算出瘦肉和脂肪的百分率。

$$胴体瘦肉率（\%）=\frac{瘦肉重}{瘦肉重+脂肪重+骨重+皮重}×100$$

$$胴体脂肪率（\%）=\frac{脂肪重}{瘦肉重+脂肪重+骨重+皮重}×100$$

2. 肉质性状

肌肉 pH 值：pH 测定的时间是屠宰后 45min 及 24h；测定部位是背最长肌或半膜肌中心部位。

系水力：是指肌肉在外力作用下保持水分的能力。采用失水率和熟肉率以及贮存损失率来测定肌肉的系水力。

失水率测定方法：屠宰后 2h 内采取第 2~3 腰椎处背最长肌，切取厚度为 1.0cm 的薄片；再用直径为 2.52cm（圆面积为 5.0cm²）的取样器取其肉样，用分析天平精确称其重量，将肉样夹于 18 层滤纸间，在 35kg 压力下持续 5min 即称重。并用下例公式计算：

$$失水率（\%）=\frac{压前肉样重-压后肉样重}{压前肉样重}×100$$

熟肉率测定方法：宰后 2h 内采取腰大肌中段肉样约 100g，精确称重，然后置锅内用沸水蒸 30min，取出晾挂于室内，自然冷却 15~20min，称取蒸后重量。并用下例公式计算：

$$熟肉率（\%）= \frac{蒸后肉样重}{蒸前肉样重} \times 100$$

肌肉内其他化学成分：屠宰后若干时间内（2~3h）取胴体右侧背最长肌中心部位肉样约 100g，按常规分析方法测定其水分、蛋白质、脂肪、灰分和能量等成分的含量。

藏猪长期生活于无污染、纯天然的高寒山区，具有皮薄、胴体瘦肉率高、肌肉纤维特细、肉质细嫩、野味较浓、适口性极好等特点。可生产酱、卤、烤、烧、肉干等多种制品，其中烤藏乳猪是极受消费者欢迎的高档特色产品。

据测定，肉质中所含淀粉酶是其他肉质的 2~30 倍，高达 46.58% 的不饱和脂肪酸和抗自由基成分，以及 18 种的氨基酸、维生素（A、B_1、B_2、B_3、B_5、B_6、B_{11}），矿物质（钙、铁、锌、镁、铜）成分。这些肉质中所有的特点，与它的生长环境和食性是密不可分的（图 2-5）。

图 2-5　藏猪肉

模块3　藏猪育种与改良

任务 3-1　藏猪育种

【重点理论】

一、猪遗传基础知识

遗传学是研究生物基因的结构、功能及其变异、传递和表达规律的学科。

优秀的种公猪应当具有低的背膘值、高的生长速度和饲料转化效率以及良好的适应性，方可生产出具有较高质量的商品肉猪。

（一）染色体和基因

精子和卵子分别具有一组染色体的一半。受精卵产生于来自雌性亲本的卵子和来自雄性亲本的精子的结合，当受精发生时，精子和卵子结合，导致精细胞的染色体和卵细胞的染色体配对。这就确保了每个子代的每一对基因是由父亲贡献的一个基因和其母亲贡献的另一个基因所组成，并将这些特性在一定的环境下由亲代传给子代。

猪有 19 对染色体，有超出 100 万种可能基因组合。

● （二）变异 ●

变异是指生命是在遗传的基础上，同一基因库中不同个体之间在 DNA 水平上的差异，也是对同一物种个体之间遗传差别的定性或定量描述。遗传与变异，是生物界不断普遍发生的现象，也是物种形成和生物进化的基础。

基因并不是两个猪表象之间差异的唯一来源，另外还有营养差异、疾病或极端天气等影响因素。这与由遗传引起的变异不同，这种差异不能从上一代传递到下一代。

● （三）遗传力 ●

遗传力是由遗传引起的变异部分。一半变异是遗传引起的，而另一半变异是由环境造成的。

二、藏猪育种

藏猪是世界上分布在海拔最高地区（2 500~4 300m）的稀有放牧猪种之一。具有抗逆性强、肌肉纤维细、肌间脂肪含量高和肉质风味好等优点；但同时存在产仔数低、生长缓慢和胴体瘦肉率低等不足。由于藏猪的生产性能低下，市场现实经济前景堪忧，导致其数量急剧减少，若不采取有效的措施，针对性开展藏猪遗传特性方面的研究，所携带的优良基因价值就可能永远从基因库中消失。因此，对藏猪种资源的保护和开发利用具有重大的价值，对今后的我国养猪业新品种培育和地方品种复壮、实现猪产业的可持续发展具有重要的战略意义。

● （一）藏猪繁育独特性 ●

　　李明洲教授等研究成果表明，藏猪特有基因有利于猪育种工作的开展，与家猪相比，藏猪进化出 3 000 多个特有的基因，这些基因主要涉及心、肺、血液循环系统的发育、疾病的抵抗、高紫外线下的皮肤保护，特别是发现了 17 个与大肠杆菌感染抵抗相关的基因。

　　该研究证明藏猪在条件恶劣的高海拔环境下成功繁殖后代的特殊本领。如把藏猪同其他品种的猪杂交，其杂交品种势必长得更快、疾病更少、饲料利用率更高。另外，藏猪强大的心血管系统，是研究人类高原缺氧性肺动脉高压和充血性心力衰竭理想模型。

● （二）育种目标 ●

　　动物育种目标是指利用传统和现代育种技术为了满足市场所需要的可以预见的或潜在的某种经济用途而进行的育种活动。目标的着眼点是经济效益的最大值。

　　育种步骤有：制定目标→组建基础群→预定指标测定→遗传评估→选留→选配→分析调整→固定扩繁。

　　藏猪育种目标有以下三个方向。

　　1. 保种

　　（1）保种意义。藏猪生长在青藏高原地区，具有对环境适应力强、抗病力强、耐粗饲、饲养成本低的优点。近年来，藏猪品种得到了广大消费者的喜爱，对藏猪产品需求不断加大。但藏猪生长缓慢且繁殖能力较低，降低了种群的扩繁速度，藏猪养殖规模和范围受到限制。而且藏猪长期处在自繁自养的状态，近交的现象严重，导致了纯种的藏猪品种分布范围、数量和规模不断缩减。要实现藏猪产业持续发展，迫切需要加强藏猪的保种工作。

（2）存在的问题。藏猪养殖主要采用传统散养模式，饲养周期长，有效出栏数量少。另外，藏猪产业开发中科技力量欠缺，资金的投入不够，在保种育种、商品化养殖、疾病防控、经营管理、销售渠道等方面存在突出的实际问题。而且对很多藏猪产区来说，经济发展缓慢，农牧民对新的养殖技术以及相关知识的接纳能力较弱，观念落后，藏猪养殖商品化发展意识薄弱。

（3）保种措施。在保种的基础上对藏猪进行选育提高，注重选择具有典型外貌特征的藏猪个体，提高外貌性状的整齐性。纯种品系选育需要更长时间持续的选择，才能充分提高其遗传性能，改善遗传稳定性，增加群体一致性。

保种措施应该注重三个方面：一是从政府层面建立完善的保种育种管理体系，将藏猪产业的可持续性发展作为主要目标。指导相关部门及有计划地进行育种工作，并支持企业建立国家级保种场及基因库，对原种各项生产性能指标进行保护，构建"保护区—原种场—种猪场（区）—商品场（区）"管理体系。同时，加大对杂交选育品种的探索力度。

二是强化经济效益。加强利用是最好的保种措施。实现藏猪产业化发展。需要出台优惠政策，对地区企业从资金上进行扶持，有效地落实扶持项目，吸引一些社会企业参与到藏猪产业中来。相关部门需要把好藏猪种质关，严格各项环节的监督检查，从而形成一种良好的藏猪产业结构，促进藏猪产业的发展。

三是强化行业技术人员作用。在藏猪产业发展中，行业技术人员发挥着重要的作用，他们的综合素质直接决定藏猪产业的发展水平。地方政府相关部门可以在当地设立技术推广站点，进行先进养殖技术推广，实现对行业技术水平的整体提高，这对藏猪产业可持续发展具有重要的意义。

2. 杂交利用

为保存和开发利用藏猪这一宝贵的遗传资源，必须对藏猪进行杂交改良利用。产生含藏猪血统的优质杂交肉猪。优质猪选育的目标性状为达100kg体重日龄、胴体瘦肉率、饲料转化率、窝活产仔数、肌内脂肪含量等指标（图3-1）。

图3-1　藏野杂交猪

优质杂交猪包含肉质优良安全和经济效益显著两个方面。在育种目标中结合市场因素和性状遗传因素，养猪发达国家把提高肌肉脂肪含量列为当前猪育种的重要选择性状，通过选择包含肌肉脂肪含量性状的综合育种值可以使肉质性状得以改良。综合育种值中还要包括其他有经济意义的性状，这样才能通过育种措施提高优质猪的经济效益。

　　强巴央宗教授等在藏猪中心产区建立藏猪选育基础群，对其外貌特征、繁殖性能和生长发育进行个体测定。采用综合育种值对基础群藏猪按照高繁殖力和快生长高瘦肉率2个方向进行选种。经过3个世代的选育，2个品系藏猪外貌体型更典型；高繁殖力品系的总产仔数达到7.65头、产活仔数7.16头、初生窝重5.42kg、断奶仔数6.46头、断奶窝重31.05kg；快生长高瘦肉率品系的初生重达到了0.78kg、断奶重7.87kg、25kg日龄260.5d、屠宰率61.65%、腿臀率31.44%、瘦肉率63.49%、眼肌面积9.13cm^2。

图3-2　藏黑（当地土猪）杂交猪

　　当前公开的一种利用藏猪培育优质猪配套系的方法（图3-2），主要包括以下步骤：一是用藏猪和梅山猪作为育种素材，培育合成系，即为藏梅合成系，作为配套系母本；二是用巴克夏猪作配套系第一父本，藏梅合成系作母本，杂交获得配套系父母代母猪；三是用杜洛克作终端父本，与父母代母猪杂交，获得配套系优质商品猪。通过该方法培育出的配套系体型外貌一致，全身被毛黑色，少许可见棕、白花；头轻嘴直，耳中等大小；腹背平直，体躯结合良好，腿臀发达。其肉质优良，生产效率高，达 90kg 体重日龄 187.22 天，饲料转化率 3.14，瘦肉率 57.72%，肌肉脂肪含量 4.07%。

利用野藏二元母猪，采用杜洛克公猪为终端父本，杂交效果也较显著。

3. 提纯复壮

提纯复壮是指从种群混杂退化的良种中选择典型的个体，恢复和提高其纯度和种质特性，使之达到原种标准的措施。提纯复壮是在品种已经发生混杂之后，使其恢复原有优良种质特性的补救办法。一般适用于混杂程度较轻的品种。提纯复壮是为保证生产用种的种质特性和基因纯度而采用的两种不同的育种技术。

【技术要点】

三、藏猪种猪选择

经济发展和市场需求决定着家畜改良的方向。因此无论是藏猪育种者还是商品藏猪生产者，都得朝这个方向转移。

藏香猪种猪分为种公猪和种母猪。一头好的种公猪，可以让藏香猪后代血缘更正宗，品相更好，保留优质的外貌特征和生产性能指标；一头好的种母猪，可以提高藏香猪的产仔数量和成活率，生产出质优量大的合格仔猪。所以说选好藏香猪种猪是非常关键的，在生产中应当仔细认真地选择后备母猪和后备公猪。

● （一）后备母猪选择 ●

藏猪后备母猪应当主要注重繁殖性能的选择和母性能力。其次是背膘和生长速度。

藏猪后备母猪应按以下条件选择：

（1）体型合乎品种要求，体质发育良好，身体结实，在生长速度和背膘上具有良好的遗传基础。必须从遗传学角度和适应环境应激能力两个方面来评价身体结实度，必须注意，身体畸形的后备母猪可能传递这些畸形给后代。因支撑、站立需要，选择时要关注肢蹄结构。

（2）容易受精和受胎，能够生产大窝仔猪。乳头数量充足，正常乳头10个以上，且均匀分布，可在断奶前检查。乳房发育正常，具有较高的泌乳性能，能够哺育全窝仔猪。乳房发育是种用后备母猪选择的一个主要指标。

（3）生产性能良好。生产性能包括胴体品质（用背膘厚度）和生长速度等。后备藏母猪应具备比育肥藏猪群平均水平更好的胴体品质和生长速度。

● （二）种公猪选择 ●

种公猪对后代的遗传影响广泛而显著。一头公猪可以配30头左右的母猪。

（1）身体结实度好，体型外貌合乎品种要求。由于种公猪担负配种任务，需要匀称的身体结构和强壮有力且端正的肢蹄。

（2）种公猪所表现的生长速度和饲料转化效率、背膘厚度是具有中等程度遗传力的性状，应当在选择时加倍关注。

根据所考虑性状的遗传力，亲属信息和生产记录可增加选择的准确性。也可由相关性状的记录来提供补充信息，亲属可包括同胞、后裔和祖先。通过后裔测验更可靠。

四、藏猪选配

选配方法有以下三种：

● （一）近亲交配 ●

是指亲缘关系相近的两个体间的交配。近亲交配又称近亲繁殖，一般而言，近交会降低繁殖和生产性能，对窝产仔数和存活率降低影响最大；其次是降低增重速度和饲料利用效率，但对胴体肉质性状几乎不受影响。

● （二）同质选配 ●

选择生产性能和体形外貌相似的优秀公母藏猪交配，试图获得与双亲在体型外貌和生产性能方面相似的子代。同质选配具有增加纯合基因频率和减少杂合基因频率的效应，能够加速群体的同质化。一般为了巩固优良性状时采用。

● （三）异质选配 ●

异质选配是选择性状不同的优秀公、母猪或同一性状优劣程度不同的公、母猪交配，期待兼顾双亲不同优点和性能得到提高的后代。采用异质选配可能获得新的类型。

任务 3-2　藏猪杂交利用技术

【重点理论】

▌一、杂交基础知识

● （一）概念 ●

　　杂交是指不同品种、品系或类群间的相互交配。充分利用杂种优势是商品藏猪生产、育种工作取长补短最有效手段。杂交和纯繁在藏猪繁育体系中具有相互补充、相互促进、相互不可替代的作用。

● （二）杂种优势 ●

　　由于杂种优势能够充分体现双亲的生产性能互补优势，所以它已成为发展商品藏猪生产的重要手段。通过杂交，获得明显的互补效应，产生杂种优势。藏猪具有母性好，性成熟早，繁殖力高，肉质好，耐粗放的种质优点。杂交时可以选择具有生长快，饲料转化强，瘦肉率高的其他猪种。杂交后代既有较高的繁殖力和良好的肉质，又生长较快，瘦肉率较高，适应性强，对饲养环境和繁育技术要求较低，适合广泛饲养。这对藏猪进一步市场化具有明显的实际效应。

【技术要点】

▌ 二、藏猪的杂交模式

杂交可以是由一个品种的公猪与母猪的杂交，也可以是由一个品种的纯种公猪与其他两个品种的杂种母猪交配的三元杂交，或者更复杂的杂交。

● （一）二元杂交 ●

二元杂交指两品种公母猪交配，例如：

$$野猪♀×藏猪♂$$

$$\downarrow$$

$$（F_1♂♀商品用）$$

● （二）三元杂交 ●

三元杂交指两个品种的公猪交替使用，例如：

$$野猪♀×藏猪♂$$

$$\downarrow$$

$$（F1♂商品用）\quad F1♀×杜洛克猪♂$$

$$\downarrow$$

$$（F2♂♀全部商品用）$$

● (三) 复杂杂交（其中：A、B、C、D 各代表一猪种）●

母系母本（A）×母系父本（B）　　父系母本（C）×父系父本（D）

↓　　　　　　　　　　　　　　↓

A B ♀　　　　×　　　　C D ♂

↓

ABCD（♀ 或 ♂ 商品代）

在每一种系统中，来自前次杂交的雌性形成母猪群体。有一种看法，认为杂交导致猪群较高的变异性和最终的退化，而未选择的劣质种猪的无序杂交将导致不良结果，对选择和选配的结论是：个体选择对改良胴体性状是有效的，而对改进增重速度，饲料利用效率是中等有效的；杂交对提高窝产仔数是有效的，对提高增重速度是中等有效的，但对胴体性状或饲料转化率几乎没有影响。所以说，商品猪杂交必须要设计可行的方案并严格执行。

三、影响藏猪杂交效果因素

● (一) 品种 ●

不同品种（品系）间杂交的效果是不一样的，杂交品种的性状有无杂种优势，取决于亲本品种的选择。一般含有藏猪血液的培育品种猪作杂交母本，以引入瘦肉型品种猪作父本，杂交效果较好。

● (二) 杂交方式 ●

不同杂交方式致使杂交效果不同，两品种间杂交时，其正反交的效果不同。三品种间杂交时，其杂交效果优于两品种杂交，三品种杂交不但所用的母猪是一代杂种猪（一代杂种母猪生命力强，产仔多，哺育率高），而且又利用了第二杂交父本增重快、饲料利用率高的特点。因此，三品种杂交可获得良好的杂交优势。据报道，三品种杂交在其产仔数，仔猪初生重、断乳重、哺育率、日增重和每千克增重饲料消耗等均比两品种杂交效果好。

● （三）饲养条件 ●

饲养条件不同其杂交的效果也不同，这主要是由于杂种优势的显现不但受遗传因素制约，而且受环境因素的制约。在不同营养水平下，杂交的效果不一样。据实验证明，中等营养水平下饲养的杂种猪，日增重优于低等营养水平下饲养的杂种猪。

● （四）个体条件 ●

不同个体的杂交效果不同，同一品种中不同个体之间存在着差异，其差异对杂交效果是有一定影响的。

模块4 **藏猪繁殖技术**

任务 4-1 繁殖基础

【重点理论】

一、藏猪公猪生殖系统

藏公猪的基本功能是产生有生殖能力的精子并把它们正确地输入母猪生殖道内。公猪的生殖系统由两个睾丸、附睾、输精管、三个副性腺和阴茎组成（图4-1）。

● （一）睾丸 ●

睾丸是公猪主要的生殖器官，主要功能是产生精子和雄性激素。龚建军等研究表明：藏猪睾丸在 3~4 月龄增重速度最快，5~6 月龄增重减缓。

● （二）附睾 ●

附睾是睾丸的输出管，同时也是精子成熟发育和储存精子的地方。精子形成和成熟的过程需 34~42 日龄。公猪每次射精并不是将全部精子排出，但若配种过勤，会导致精液中不成熟精子的比例升高；但若久不配种，则精子老化、死亡分解并被吸收。不良的饲养条件、较差的营养、应激或疾病都影响精子品质，可能导致不育。频繁的交配会降低公猪的性欲和繁殖能力，缩减使用年限。公藏猪在 3 月龄左右时出现精子，具有储精能力，并且出现性兴奋、爬跨等性行为，5 月龄达到了交配和授精的能力。

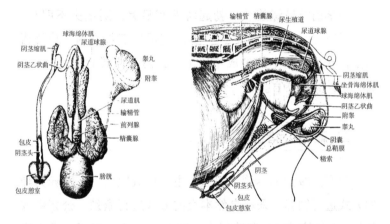

图 4-1　公猪的生殖系统图（图片来自：猪场动力网）

● （三）输精管和尿道 ●

　　输精管是精子由附睾尾排出的通道，其功能是将精子从附睾尾运送至尿生殖道。输精管壁发达的肌肉层在交配时发生强烈收缩，将精子从附睾尾送入尿道。精子通过输精管进入尿道，在尿道精子与副性腺分泌的精液混合，排出的混合物被称为精液。

● （四）副性腺 ●

　　公猪的副性腺是精囊腺和前列腺、尿道球腺。精囊腺和前列腺产生射精时正常释放的水样流体，改变精子的休眠状态，使其活动能力加强。精液含有低分子量的蛋白质，这种蛋白质可包裹精子免受母藏猪免疫系统的破坏，尿道球腺分泌一种木薯淀粉状物质，这种物质被认为起到子宫颈栓的功能，从而减少本交后精液的流失。

● （五）阴茎 ●

阴茎前端呈螺旋状，勃起时尤其显著，阴茎头不明显，没有尿道突，在不交配时，一般阴茎保持于包皮内。藏公猪阴茎在6月龄基本达到成年猪水平，阴茎伸展时达34cm左右，是性交配器官。

二、藏猪公猪性成熟

原产区藏猪饲养管理粗放，主要以放牧为主、圈养为辅的方式进行饲养，采取自然本交的方式进行繁殖。公猪性成熟早，2月龄时出现爬跨行为（图4-2），3月龄以上可以进行生产性配种。

图4-2 公猪早熟行为

种公猪的生产性能对整个猪群后代生产能力有很大影响。在配种期内加强饲养。可以使种公猪精子密度加大、精子活力提高。一般要求种公猪在配种期内日粮中能量不少于12.6MJ/kg；蛋白质达14%；硒、食盐、钙、磷等矿物质元素分别应达 0.13mg、1.0g、15g 和 10g。配种期间粗放的放牧饲养并不能提供充足全面的营养需要，因此注意补饲，从而有效提高配种率。

三、藏猪母猪生殖系统

母猪生殖系统包括一对卵巢、两个输卵管、子宫、子宫颈、阴道和阴门（图4-3）。

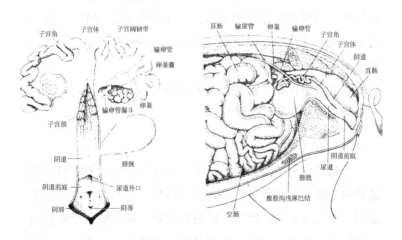

图4-3　母猪的生殖系统

（图片来自：猪场动力网）

（一）卵巢

是母猪的主要生殖器官，其功能是产生卵子和分泌雌性激素，是卵子成熟的地方。母猪每次发情约排出 25 个发育成熟的卵子。功能：

1. 卵泡发育和排卵

卵巢皮质部的卵泡数目很多，它主要是由卵母细胞和周围一单层卵泡细胞构成的初级卵泡，它经过次级卵泡、生长卵泡和成熟卵泡，最后排出卵子。排卵后，在原卵泡处形成黄体。

2. 分泌雌激素和孕酮

在卵泡发育过程中，围绕在卵细胞外的两层卵巢皮质基质细胞，形成卵泡膜，它又可再分为血管性的内膜和纤维性的外膜。内膜可以分泌雌激素，一定量雌激素是导致母畜发情的直接因素。在排卵后形成的黄体能分泌孕酮，是维持怀孕必需激素的一种。

藏母猪卵巢 6 月龄进入生长活跃期，此时母猪进入正常的发情生理期，卵巢已经成熟。

（二）输卵管

形状是成对的弯曲管道，输卵管是卵子进入子宫的通道，输导卵子从每一侧卵巢到对应的子宫角，管的前 1/3 段较粗，是卵子受精的地方；管其余较细的部分；包在输卵管系膜内。发情期间和排卵前产生黏液帮助精子向输卵管方向移动以接近卵子。

● （三）子宫 ●

　　形态上由子宫体、子宫颈、两个子宫角组成，其组织结构由黏膜层、黏膜内层、肌肉层、浆液层（腹膜）组成。子宫的黏膜层是一高度腺结构，其厚度和血管分布随着激素水平的变化而变化，交配时子宫必须为卵子和精子的运行提供最适条件，而在妊娠期子宫内环境系统必须满足胚胎附植和胚胎发育的需要。子宫平滑肌有节奏蠕动收缩，在运送精子至受精部位以及在分娩过程中胎儿的排出方面起着重要的作用。

　　子宫包括子宫角、子宫体及子宫颈三个部分。猪的子宫属双角子宫，受精卵在子宫角形成胎盘并着床。发情时，子宫借其平滑肌的有节律强而有力的收缩作用，运送精子进入输卵管。子宫是胎儿发育的场所，分娩时，子宫阵缩排出胎儿。另外，子宫内膜的分泌物和渗出物，可为精子获能提供条件，又可供给胚胎营养需要。

　　藏母猪子宫6月龄进入生长旺盛期，但生长发育晚于其他地方猪种，这可能是产子数少的原因。

● （四）子宫颈 ●

　　子宫颈是由阴道通向子宫的门户。子宫颈的内层在妊娠期间产生黏液，黏液形成栓以阻止感染性物质从阴道进入子宫，因此也是一重要门户。前端与子宫体相通，为子宫内口，后端与阴道相连，其开口为子宫外口。妊娠期子宫颈完全封闭起到保护作用；分娩时子宫颈呈松弛状态并完全扩张，保证胎儿能顺利地从子宫分娩出。

● （五） 阴道 ●

阴道位于骨盆腔，背侧为直肠，腹侧为膀胱和尿道，呈一扁平缝隙。前接子宫，后接尿生殖前庭，以尿道外口和阴瓣为界。阴道既是交配器官，又是分娩时的产道。

● （六） 阴门 ●

是生殖器官的外露部分，前庭是阴道和阴门的接合点，其标志是外露的尿道口。

四、藏母猪生殖生理

藏母猪生殖生理是指从受精到妊娠的一系列生理阶段。

● （一） 初情期 ●

初情期是生殖器官首次变得有功能的时期，青年母猪的初情期可通过第一次发情期来识别。即表示有生殖能力的开始。健康、正常情况下大概 120 日龄。6 月龄达到适配年龄，一般认为每次排卵 8~12 个。成熟公猪与未成熟青年母猪放在一起可诱导母猪较早发情。

● （二） 发情周期 ●

从本发情停止到下一次发情开始的时间间隔称为发情周期。它是由来自卵巢的激素（雌激素和孕酮）直接控制以及来自垂体前叶的激素（促卵泡素、促黄体素和催乳素）间接控制。发情周期分为几个非常明显的阶段，称为前情期、发情期、后情期和休情期。一般母猪以 17~23d 的间隔相当规律的发情，平均间隔为 21d。

龚建军等研究得出藏母猪发情周期为 25.17d，发情持续期为 4.72d，妊娠期 111~118d，1 年 1 胎，经产母猪平均每胎 5.75 头。

1. 前情期

发情前期是来自垂体前叶的促卵泡素和一些促黄体素的刺激下，卵泡开始在卵巢中生长。卵泡生长又导致较高产量的雌激素，雌激素被通过卵巢的血液吸收，促进管状生殖道的血液供应，造成从阴门到输卵管的水肿（肿胀）。阴门肿胀到一定程度，前庭变得充血（阴门变红），子宫颈和阴道的腺体分泌一种水样的阴道分泌物。

前情期持续大约 2d。此阶段母猪变得越来越不安定、失去食欲而且好斗，会主动寻找公猪。

2. 发情期

发情期是性要求时期，能够持续 40~70h。这时期母猪阴门肿胀程度逐渐增加，充血发红，到发情盛期达到最高峰，生殖道活动加强，分泌物增加，子宫颈放松，阴道黏膜颜色呈深红色，卵巢中卵泡成熟并排卵。排卵发生在这个时期的最后 1/3 时间，排卵过程大约持续 6h。一旦公猪发现发情的母猪，就进行求偶活动，用鼻子拱并嗅闻母猪的尿和生殖器官，发出叫声交流，有节奏地频频排尿。最后母猪通过静立反应作出反应。静立反应可用来检查母猪的发情。识别静立发情的进程是重要的，尤其是对人工授精母猪。当进行人工授精时，使用公猪面对面诱导发情，加强从视觉、嗅觉、声音等方面的接触以增强静立反应程度，确定最佳授精时间。

3. 发情后期

排卵通常发生在发情结束和后情期开始。卵巢排卵后卵泡腔开始充血并形成黄体。排出的卵被输卵管收起并被运送到子宫—输卵管接合部。受精发生在输卵管的上部。如果没有受精，卵子就开始退化。受精的和未受精的卵在排卵后 3~4 天都进入子宫。生殖器官逐渐恢复到正常状态，后情期大约持续两天。

4. 休情期

母猪发情周期的下一个和最长的时期是休情期，也是黄体发挥功能的时期。黄体发育成一个有功能的器官，产生大量的孕酮（以及一些雌激素）进入身体的总循环并影响乳腺发育和子宫生长。子宫内层细胞生长，子宫内层的腺体分泌一种薄的黏性物质滋养合子（受精卵）。如果合子到达子宫，黄体在整个妊娠期继续存在。如果卵子没有受精，黄体只保持功能大约 16d，届时溶黄体素造成黄体退化以准备新的发情周期。休情期大约持续 14d。

任务 4-2　藏猪配种

【重点理论】

配种、妊娠、分娩、哺乳和断奶构成了藏猪繁殖生产系统的主要环节，而配种是实现多胎高产的首要环节，其事关三方面的要素，一是公猪的配种能力，能够产生足够数量和质量的精液；二是母猪生理状况，能够正常发情和尽可能多的排出活力强、质量高的卵子；三是做到适时配种或实施先进的配种技术。做好这三方面的工作或可达到多胎、高产的目的。

一、藏猪公猪的配种能力

饲养公猪的目的就是为了配种，一般而言，与公猪配种能力有关的遗传力为中等或低等程度，这说明繁殖力的高低主要是受环境制约的。营养状况、年龄、环境因子、健康状况和交配频率是最主要制约因素。因此，要提高公猪精子品质和配种能力，必须要做到营养、健康和配种使用三者间的平衡。

● (一) 营养需要 ●

公猪必须为了维持自身的健康而获取营养物质。蛋白质是组成精子的重要成分，必须要满足供给，日粮中钙、磷不足将严重影响精液品质，出现大量畸形和死亡精子；维生素的缺乏会导致性机能下降，尤其缺乏维生素 A、维生素 D、维生素 E 使公猪精液品质下降，长期严重缺乏，使其生殖器官萎缩，功能衰退，最终丧失配种能力。

● (二) 饲料 ●

为了保证营养物质的生物学效价，能量和蛋白质是最先考虑的成分，对精液的质量和精子的活力极具意义。因此，选择优质的能量和蛋白质饲料，而且饲料种类尽可能多样化，做到"青、粗、精"合理组合，以达到各种营养组成上的互补与完善的目的；同时考虑富含矿物质和维生素的饲料也是不可缺的。

● **（三）饲养方式** ●

根据产仔制度，公猪承担季节性集中交配和常年分散交配。如果是季节性集中产仔，则公猪交配任务相对繁重，在交配季节应高水平饲养，使公猪保持较高的种用状态。配种季节过后可适度降低饲养水平，若是常年分散产仔，或许公猪配种任务因分散而在一般承受范围内，采取一般水平的饲养。

● **（四）饲喂技术** ●

饲喂公猪应定时、定量养成习性，选择适中的饲料体积和适当的料型，充足清洁的自由饮水，喂给适量的青绿多汁饲料对提高繁殖力有益。

● **（五）藏公猪的使用** ●

公猪达到性成熟之后，射精量和精子数目逐渐增加，5月龄左右达到成年水平，一直保持到5岁左右，此后逐渐下降。一般公母比例以1：（20~30）为佳。

● **（六）藏公猪的管理** ●

除营养物质合理供给外，管理就成为最有影响的因子，给公猪提供一个安逸的环境相当重要。公猪应该生活在清洁干燥，阳光充足，空气新鲜和相对安静舒适的环境。单圈饲养，保持正常食欲。合理运动可改善神经活动，增进食欲，强身健体、避免肥胖；推荐自由适度的运动方式。

二、藏母猪的正常繁殖力

为使藏母猪生产大量品质优良的仔猪，提高母猪的繁殖性能是极其重要的，繁殖力虽受遗传决定，但环境和饲养管理条件可以影响初情期的到来和整个性周期过程。

● （一）初配年龄 ●

藏猪后备母猪一般出现初情期是在 90 日龄左右，但营养状态对初情期的出现有影响。

● （二）营养状况 ●

一般来讲，营养与后备母猪初情期的出现有关，也影响经产母猪的正常发情和排卵，能量不足可以推迟初情期的出现和正常发情，因此供给充足的能量是必要的；蛋白质不足或蛋白质质量差，即氨基酸的不平衡也会使性成熟受阻，排卵数减少，受胎率降低，所以在日粮中补充赖氨酸和蛋氨酸具有明显的益处；一般认为，脂肪含量对于性发育的影响在大多数情况下是不明显的。为了促进母猪正常发情和排卵，在满足前述营养需要基础上，饲粮做到"青、粗、精"多种组合，使营养互补平衡是需重点考虑的。

● （三）管理因素 ●

在影响母猪繁殖机能的诸多因素中，环境因素很重要，初情期受环境温度和日照时间的影响较大，环境温度和日照时间结合则构成了季节性的差异；改变群体环境可能诱发青年母猪初情期的到来；将成年公猪和青年母猪放在一起，可诱导青年母猪初情期提早出现，使用外源性激素诱导青年藏猪初情期提早是目前较为成熟的选择方法之一。

【技术要点】

三、适时配种技术

藏猪全年都能够生育。母猪达到性成熟后即出现规律性的性周期，平均每隔21d出现一次性周期，并且延续至终生。在生产上注意观察母猪外在表现行为，掌握最佳配种时间。配种的方法有自然交配和人工授精两种。

● （一）选择最佳配种时间 ●

为了提高公母猪的生产、繁殖性能，杜绝近亲交配，藏猪性成熟早，初配时，母猪应避开第1个发情期，公母猪都应达到体成熟后再进行初配。最佳初配年龄为，第1次配种公猪宜在90日龄、体重10kg以上。母猪初配以150日龄、体重20kg以上为宜。

● （二）母猪发情行为 ●

（1）母猪发情时表现为食欲下降，烦躁卧立不安。母猪爱爬跨其他母猪，或等待其他母猪爬跨，频频排尿，尤其是公猪在场时排尿更为频繁。公猪一旦接触母猪，会追逐它，嗅其体侧肋部和外阴部，把嘴插到母猪两腿之间，突然往上拱动母猪的臀部，口吐白沫，往往发出连续的、柔和而有节律的哼哼声。处于性欲高度强烈时期的母猪，当公猪接近时，调整其臀部靠近公猪，闻公猪的头、肛门和阴茎部位，紧贴公猪不走，甚至爬跨公猪，最后站立不动，接受公猪爬跨。

（2）外阴户肿胀看上去有微皱，阴道黏膜发暗红，并有少量白色黏液。

（3）用两手用力压母猪的背部，猪不走动，出现静立反射，这是母猪发情的一个关键行为，这时候允许公猪爬跨。

（4）有些母猪表现明显的配偶选择，对个别公猪表现强烈的厌恶。有的母猪由于内激素分泌失调，表现性行为亢进，或不发情和发情不明显。

● （三）公猪性行为表现 ●

公猪在 2 月龄有性行为表现，3 月龄可以初配，但成熟配种需要达到 5 月龄以上，群养公猪时，会出现地位争斗，群内地位低的公猪多被其他公猪爬跨。如果舍饲时间过长，缺乏放牧或室外运动，常出现性欲低下，容易发生自淫现象。

性欲强烈的公猪性兴奋时，口吐白沫、急切爬跨，阴茎露出，出现有节奏地排尿。

● （四）最佳配种时间 ●

一般情况下，在发情第一天配种的母猪有 70%受精；在发情第二天配种的母猪有 98%受精；在第三天配种的母猪只有15%受精。在人工授精条件下，在第一次观察到静立发情 12h 之后，进行第一次交配，再延迟 8~12h 再进行第二次交配。

当放牧或舍饲母猪群体有发情迹象时，可以把公猪每天放入母猪舍中，让公猪试情，有发情母猪时便可自行交配。

配种期过后，可以分群进入妊娠期，加以饲养。交配后 3 天内饲料采食量不可过大，以免造成受精卵的死亡。

任务 4-3　胚胎发育

【重点理论】

一、妊娠确认

受精是一个精子与一个卵子结合形成一个合子的过程。从受精到出生是一个连续的过程，是平均为 114d 的妊娠期，可分为三个阶段：附植前期、胚期和胚胎期。

● （一）外部观察判断 ●

如果母猪配种后经过 3 周没再出现发情，并且食欲渐增、被毛顺溜光亮、增膘明显、性情温顺、行动稳重、贪睡、尾巴自然下垂、阴户缩成一条线、驱赶时夹着尾巴走路等现象，则初步诊断为妊娠。

● （二）妊娠诊断仪诊断 ●

在 40d 左右采用 B 超对母猪腹部进行扫描，观察胚胞液或心动的变化，这种方法检出妊娠准确率较高，在生产上已经成熟使用，可有效降低母猪空怀率。

● （三）预产期推算方法 ●

母猪配种时要详细记录配种日期，一旦断定母藏猪妊娠就要推算出预产日期，便于饲养管理，做好接产准备。推算母猪妊娠期平均按114d计算。

三三三法：即在配种日期加上3个月3个星期零3d。

二、胚胎生长发育规律

在整个妊娠期，胎儿在前期生长发育相对缓慢，中期加快，后期迅速，特别是90d至出生这一时段，胎儿生长特别迅速，胎儿体重的60%是在这一时期增长的，即胎儿的2/3体重是在妊娠期的后1/3时间内增长的（图4-4）。

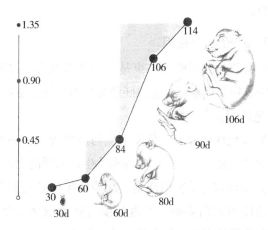

图4-4　猪胚胎的生长曲线图（图片来源：正大公司养猪资料）

（一）胚胎死亡时期

受精卵从输卵管壶腹部到达子宫角附植需用24～48h，附植在子宫壁，并在其周围形成胎盘，这个过程需要12～13d。受精卵在第9～13日龄内的附植初期，妊娠母猪饲粮中能量过高，受外界因素或饲料品质（冰冻或霉烂饲料）的影响，连续高温使母猪热应激导致胚胎死亡，各种因素造成的子宫感染而引起死亡，这一阶段的死亡占整个胚胎死亡总数的20%～25%，这是胚胎死亡的第一高峰时期；大约在妊娠后第3周，在器官形成期，胚胎争夺胎盘分泌的营养物质，弱者死亡，出现胚胎死亡的第二次高峰时期，这一时期的死亡占整个胚胎死亡总数的10%～15%；从妊娠第36天开始，每一个胎儿的性别变得可以识别，在妊娠至第60～70日龄时，出现胎儿死亡的第三高峰时期，而此期间死亡占整个胚胎死亡总数的5%～10%。综合考量母猪在妊娠期间胚胎死亡为35%～50%。

● （二）胚胎死亡原因 ●

从受精卵分裂到胎儿结束是一个非常复杂的过程，在这一过程中有很多因素都有造成胚胎死亡的可能，主要有：

1. 遗传因素

（1）染色体畸变。染色体畸变与胚胎死亡关系密切，是产仔数少的主要原因，生产中应淘汰生产力低的个体。

（2）排卵数与子宫内环境。藏猪的排卵数与胚胎死亡率主要受遗传因素的影响，子宫长度与胚胎成活率呈正相关。其次子宫营养状态对胚胎存活有较大影响。

（3）亲缘繁殖。近亲繁殖是导致胚胎死亡的又一大原因，近亲繁殖会导致一些致死隐性基因进一步纯合而获得表现的机会，因而引起胚胎死亡率增高。

2. 营养因素

（1）微量营养成分。维生素A、维生素D、维生素E、维生素 C、维生素 B_{12}、叶酸和矿物质中的钙、磷、铁、锌、铜、锰、碘、硒等都是胚胎生长发育不可缺的微量营养成分。维生素 A 可提高产仔数。维生素 E 可提高胚胎成活率和初生仔猪抗应激能力，矿物质缺乏可导致死胎增加。

（2）能量水平。在妊娠早期，给予母猪过高的能量，使产仔数明显减少，可能是因为过肥，子宫周围及腹腔内沉积过多脂肪，影响血液循环和供给不良而导致胚胎死亡。营养过高引起血浆中孕酮水平下降，调节子宫内环境能力不足，不适胚胎发育而致胚胎死亡。

3. 环境因素

妊娠早期母猪对高温的耐受性很差，当温度长时间超过 32℃，妊娠母猪热应激反应，胚胎死亡率明显增加，公猪对高温更为明显，可使精子数量明显减少，死精和畸形精子增加，活力下降，从而导致受胎率下降。

4. 疾病因素

相关的疾病有细小病毒、繁殖与呼吸障碍综合症均能引起胚胎死亡。

5. 其他因素

母猪年龄，公猪精液质量，交配时间等都可能导致胚胎的死亡。

模块5 藏猪饲养管理技术

任务 5-1　种公猪饲养管理

【重点理论】

　　饲养藏种公猪的目的是用来配种，生产数量多且体质好的仔猪。公猪所起的作用无论从其产生后代的数量，还是从其对后代生长速度和胴体品质的影响程度上都远远超过母猪。一头公猪本交时可负担 25~30 头母猪的配种任务，一年可繁殖 500~660 头仔猪。

一、藏猪种公猪选择

● （一）选择好品种 ●

　　藏猪种公猪必须具备该品种的体形和外貌特征，胸脯要宽、深，肩胛要粗壮，犬牙发达，全身皮肤看起来比较松弛，乳头 6 对以上；繁殖系统器官健全，睾丸大而明显，左右对称，摸时感到结实而不坚硬，禁选隐睾和单睾；四肢强健有力、站姿端正、精神好、性欲旺盛、眼角无泪斑、泪圈，精神活泼好动、口中多泡沫；尽可能地对其同胞的性状进行查证，如产仔数、断奶头数、日增重和饲料报酬等。

●（二）注重来源●

选择时注意公猪是否来自疫区，必要时进行血清学检查，有无猪瘟、细小病毒病、伪狂犬病、萎缩性鼻炎和布氏杆菌病等，不能从疫区购进种公猪。至少要提前在配种前 60d 购进，以适应环境，隔离观察。

二、种公猪营养需要

配种公猪营养所需主要营养包括能量、蛋白质、矿物质、维生素等。各种营养物质的需要量应根据其品种、类型、体况、生产情况而定。只有喂给种公猪营养价值高的日粮，实行合理的饲养，才能使公猪保持种用体况，精力充沛，性欲旺盛，精液品质好。

●（一）能量需要●

一般要求每千克日粮中消化能不低于 12.97MJ。能量供给过高或过低对公猪均不利。能量供给过低会使公猪身体消瘦，体质下降，性欲降低，导致配种能力降低，甚至不能参加配种；能量供给过高，造成公猪过于肥胖，自淫频率增加、不喜欢运动、性欲不强、精子活力降低，同样影响配种能力，严重者也不能参加配种。

●（二）蛋白质需要●

蛋白质是构成精液的重要成分。公猪饲粮中蛋白质数量和质量、氨基酸组成水平对公藏猪的性成熟、身体素质和精液品质来说都有很大的作用。对成年公猪来说，蛋白质水平一般以14%左右为宜。

● （三）矿物质需要 ●

矿物质对公猪精子产生和体质健康影响较大。长期缺钙会造成精子发育不全，活力降低；长期缺磷会使公猪生殖机能衰退；缺锌造成睾丸发育不良而影响精子生成；缺锰可使公猪精子畸形率增加；缺硒会使精液品质下降，睾丸萎缩退化。

● （四）维生素需要 ●

维生素营养对于种公猪也十分重要，在封闭饲养条件下更应注意维生素A、维生素D、维生素E、维生素K、B族维生素等的添加，或添加优质青绿饲料，否则容易导致维生素缺乏症。

● （五）水的需要 ●

水是公猪不可缺少的营养物质，如果公猪缺水将会导致食欲下降、体内离子平衡紊乱、其他各种营养物质不能很好地消化吸收，甚至影响健康，发生疾病。因此，必须按其日粮3~4倍量提供清洁、卫生、爽口的饮水。

【技术要点】

三、藏猪种公猪饲养

● （一）饲养方式 ●

根据公猪配种任务，分为两种饲养方式。

1. 全年加强饲养法

当母猪实行全年分娩时，公猪就要全年均匀地保持配种所需的高度营养水平，即保证能量和蛋白质等各种养分的足量供给。

2. 配种季节加强饲养法

当母猪实行分批次季节分娩时，在配种季节开始前 1 个月，对公猪增加营养，配种季节保持较高的营养水平；配种季节过后，逐渐降低营养水平至维持公猪种用体况的营养水平即可。

● （二）饲喂技术 ●

（1）定时定量，每次不要喂过饱，防止过肥。

（2）饲料体积不宜过大，饲料采用生干料，多饲喂能够促进精子形成和增强雄性生殖机能的谷类、糠麸类等生理酸性饲料。加喂适量的青绿多汁饲料，并供给充足饮水。

（3）为了交配方便，延长使用年限，要求限制饲养，每餐不要喂得过饱，以免公猪饱食贪睡，不愿运动造成过肥。采用日喂 2 次，每头每天饲喂精料 0.5~1.0kg，配种期每天补喂 2 枚鸡蛋效果佳。

四、藏猪种公猪管理

公猪应生活在清洁干燥，阳光充足，空气新鲜的环境条件下，才能产生优质的精子，保持旺盛的性欲和配种能力。

● （一）分群 ●

公猪可以单圈饲养和小群饲养。单圈饲养可以减少外界的干扰，杜绝一些恶习。小群饲养便于管理，适应于规模化猪场，有利于提高圈舍的利用率和饲养效益，一般2~3头一圈。但合群饲养的公猪要从断奶开始锯掉犬齿，以防一些恶癖。配种后不能立即回群，休息1~2h，气味消失后再归群。一般要求单栏饲养，保持圈舍与藏猪体清洁。后备藏公猪达到性成熟后，会烦燥不安，经常相互爬跨，食欲减退，生长缓慢。因此，在后备公藏猪达到性成熟后，实行单圈饲养，合群运动，除自由运动外，可进行驱赶运动，这样既可保证食欲，增强体质，又可避免造成自淫恶癖。

●（二）适度运动●

舍饲公猪在非配种期和配种准备期要加强运动，配种期要适度运动，有条件时每周安排2~3次驱赶运动。因为合理的运动可以促进公猪的食欲和消化，增强体质，提高配种能力。运动不足会使体质过肥，性欲降低，影响配种效果，降低利用率。及时调整营养、运动和利用强度，使其保持中上等膘情。

●（三）注重个体健康●

经常刷拭冲洗猪体，保持猪体清洁，促进血液循环，加强性机能。及时驱虫，注意保护公猪肢蹄，定期刷洗。夏季高温时，防止公猪热应激，做好防暑降温工作，天气炎热时应选择在早晚较凉爽时配种，并适当减少使用次数，以防影响配种效果。

●（四）定期秤重和检查精液品质●

对公猪要定期秤重、记录。在配种季节，每10d对精液品质进行 1 次检查，并根据记录数据和检查结果调整饲养管理措施。

● （五）公猪调教 ●

后备公猪达 3 月龄，膘情良好即可开始调教。将后备公猪放在配种能力较强的老公猪隔离栏前进行观摩、学习配种方法。

五、藏猪种公猪利用

配种利用是饲养种公猪的唯一目的，其效果不仅与饲养管理有关，而且在很大程度上取决于初配年龄和利用强度。

● （一）初配年龄与体重 ●

公猪的初配年龄随品种、饲养管理等条件的不同而有所变化。据报道，藏猪公猪初配年龄在 3 月龄以上，一般体重达 10kg 以上就可以配种，但这会引起公猪早衰。最好达到 6 月龄以上，体重达到 20kg 以上，才可以逐步承担生产性配种任务。

● （二）配种次数 ●

1 岁以下的幼龄公猪，每 2~3d 配 1 次。1~5 岁以上的成年公猪 1d 配 1 次为宜，在配种频繁时期，也可 1d 配 2 次，但不能天天如此，如连续配种 3d 应休息 1d。

● （三）公母比例 ●

一般用本交进行季节性配种的猪场，公母比例为 1:(25~30)。分散配种的猪场，公母比例为 1:（10~20）。采用人工授精的猪场，比例为 1 : 400 较适宜。

任务 5-2 藏猪母猪的饲养管理技术

【技术要点】

一、藏猪后备母猪的饲养管理

一般藏猪母猪群体淘汰率在 20% 左右。培育后备母猪的目的是要获得体型外貌合格、体格健壮、发育良好合乎种用体况的种藏猪，群体选择合格率应该在 90% 以上，用来代替猪群中由于病淘、年老生产性能下降而减员的种母猪，使整个藏母猪群得到不断的更新与提高。

● （一）后备母猪的选留 ●

后备母猪要从泌乳充足，产仔数多的窝中选留，选择身体健壮、站姿正常健康，并有 6 对乳头以上的仔猪。到达 6kg 选种时，要求外貌符合本品种特征，发育良好，无内陷和瞎乳头，阴户发育正常。选择进入配种区后超过 60d 不发情的母猪应淘汰。

● （二）后备母猪的饲养管理 ●

（1）如果是引入的后备母猪，在引入的第一周饲料中适当添加一些抗应激药物，如多维素、矿物质添加剂，适当添加一些土霉素药物等；如果是自留的，则按原来的饲养制度管理即可。

（2）以 4~6 头为准，合理分群管理，小群饲养。定期称重、测量体长及膘厚。3 月龄以后，按月龄测量体长和体重。要求在不同月龄阶段有相应的体长与体重。对发育不良的后备母猪，及时淘汰。

（3）后备藏母猪生长到 3 月龄以后，要加强调教，饲养人员要经常接触猪只，抚摸藏猪的敏感部位，如耳根、腹侧、乳房等处，建立人畜亲和关系。使藏猪不惧怕人对它的管理，为以后的配种、接产打下良好基础。

（4）运动可促进后备藏母猪骨骼的良好发育和体质的健康，使藏母猪发育匀称，四肢更为灵活和结实。特别是放牧运动可以呼吸新鲜的空气、接受阳光的照射、拱食鲜土和青绿饲料，对促进生长和提高抗病力有良好的作用。因此，有放牧条件的藏猪场最好进行放牧，一般的可进行驱赶运动和设立运动场使其自由运动。舍饲后备猪每天分批次赶到运动场运动 1~2h 为佳。后备藏猪同样需要注意防寒保暖、防暑降温、清洁卫生等适宜的环境条件。

（5）做好后备藏猪发情记录，母藏猪发情记录从 3 月龄时开始。仔细观察初次发情期，以便在第二、第三次发情时及时配种，并做好记录，并将该记录移交配种舍人员。有条件的可以用成年公猪配合试情。

（6）分批次做好免疫计划、限饲优饲计划、驱虫计划并予以实施。

● （三）发情鉴定技术 ●

（1）仔细观察疑似发情母猪的阴门颜色、状态。如果阴门由潮红变成浅红，由水肿稍有消失出现微皱，阴门较干，此时可以实施配种；仔细观察疑似发情母猪阴道口的底端，当阴道口底端流出的黏液由稀薄变成黏稠。用大拇指和食指蘸取黏液，如果两手指之间的黏液拖拉成线，说明此时是配种最佳时期。

（2）将公猪赶到疑似发情母猪栏内，与之接触，如母猪站立不动，出现静立反射，允许公猪爬跨，说明此时可以进行配种。

二、藏猪空怀母猪的饲养管理

哺乳母猪从仔猪断奶到发情配种期间称为空怀期。从广义上讲，空怀期还包括未到初配年龄的后备母猪。饲养空怀母猪的目的是保持正常的种用体况，能够正常发情、排卵，并能及时配种受孕。

●（一）空怀母猪饲养管理技术 ●

1. 供给营养水平合理的日粮

空怀母猪在配种前的饲养十分重要，一般和妊娠期相同，保持适度膘情。母猪太瘦或太肥易造成配种率下降。母猪的膘情是衡量营养状况的主要标志，必须对体况异常的母猪加以调整。过肥会造成卵巢脂肪浸润，影响卵子的成熟和正常发情。调整的方法是降低饲料的营养水平或降低日料供给量，结合加强运动进行调整；母猪过瘦，内分泌失调，卵泡不能正常发育，发情不正常或不发情。调整方法是加料，给予特殊照顾，尽快恢复膘情。断奶后的母猪，由于体力消耗较大，体重减轻也很大，有些母猪断奶前膘情相当好，这多半是哺乳采食量过高，带仔少或泌乳力差所致，断奶前后应减少喂量，多喂青粗饲料，并加强运动，使其恢复到适度膘情，及时发情配种。

2. 注意日粮多样化

合理搭配，确保饲料的全价性。注意饲料品质，平时多供给一些青绿多汁饲料，因为青绿饲料中不仅含有多种维生素，还含有一些具有催情作用类似雌激素的物质，以促进母猪的发情。一般都采用湿拌料［料水比为 1：(1~1.5)］，定时定量，每头每日饲喂 2~3 次，如果有的空怀母猪较瘦弱，应给予照顾，在定量上适当增加 10%~15%。经常检查母猪的采食和饮水情况，及时提供清洁水源。

3. 配种前实行短期优饲

实践证明，对空怀母猪施行配种前后一段重点时期的支持性饲养，非常有利于母猪的发情排卵和提高受胎率。即，在配种前 10~14d，后备母猪在原日喂料量基础上，增加料量 0.1kg 左右，配种结束后停止加料。经产母猪在原日喂料量基础上增加料量 0.15kg，并视体况增减料量。

一般来说，哺乳母猪在断奶 3~7d 很容易发情，如果在此期间仍不发情，再继续饲喂优质饲料，一直到发情为止。如果仍继续不发情，必须检查是否患有生殖道病，如子宫炎或阴道炎，要及时治疗，治疗无效，可予以淘汰。

总之，要养好空怀母猪，保持"空怀母猪八成膘，容易怀胎产仔高"的应有体况。

4. 合理分群

空怀母猪多实行群养，一般将 4~6 头同时断奶或断奶时间相近的母猪饲养在一个圈内群饲，可以促进母猪发情，特别是首先发情的母猪由于爬跨和外激素的刺激，诱导其他空怀母猪发情，便于饲养管理人员观察发情母猪，也方便用公猪试情。

5. 适当运动

舍饲空怀母猪最好有适度的运动量，多接触阳光，保持猪舍内的环境卫生，特别要防止潮湿。有放牧条件的地方，可通过放牧代替运动。

6. 保持圈舍卫生

空怀母猪舍要保持清洁干燥，冬季要防寒保暖，减少饲料消耗和疾病的发生；夏季要防暑降温，防止母猪出现乏情。藏猪母猪舍铺垫稻草是较好的选择。

● （二）发情和配种 ●

藏猪母猪从性成熟后直到年老性机能衰退前，表现有周期性的性活动。藏猪的发情周期为 18～23d，平均 21d。在发情周期内，母猪会发生一些特殊生理变化和行为表现，发情周期可分为四个阶段：发情前期、发情期、发情后期和休情期。发情周期是一个逐渐变化的生理过程，四个时期并无明确的界限。

母猪发情持续期为 3～5d，平均 2.6d。春季和夏季发情持续期稍短，而秋季、冬季稍长。母猪的排卵时间为 40～70h，排卵在最后的 1/3 时间，排卵持续 6h。

在藏猪的繁殖工作中，发情鉴定是一个重要的技术环节。方法有外部观察法、阴道黏液法、试情法。

在生产实践中一般无法掌握发情和能够接受公猪爬跨的

确切时间，只要母猪可以接受公猪爬跨，即配第一次。第一次配种后经 10~12h，再配第二次。一般一个发情期内配种两次即可，更多交配并不能增加产仔数，甚至有副作用，关键要掌握好配种的适宜时间。

配种方式有自然交配（本交）（图 5-1）和人工授精。藏猪配种率较高，吴建平等研究表明：母猪在小栏舍饲条件下，本交配种率达为 97.22%。

图 5-1　藏猪自然交配

三、藏猪妊娠母猪饲养管理

妊娠期的饲养管理目标是：做好保胎工作，防止流产，尽量多产仔，并为母猪产仔、泌乳做好准备工作。一方面，保证母猪有良好的营养储备，尽可能减少其泌乳期间的体重损失，保持其繁殖期间良好的体况，并促进乳腺组织的发育，保证泌乳期有充足的泌乳量；另一方面，母猪应摄入足够的营养物质以促进胚胎的存活、生长和发育。随着妊娠期的发展，妊娠、胚胎着床、胎儿发育和乳腺生长，母猪的营养需要也不断发生变化，应采用阶段饲喂妊娠母猪。

首先，满足维持需要；其次，供给胎儿生长发育的营养需要，这是主导部分；最后，妊娠后期乳房组织快速发育、为仔猪分娩预备舒适产道和生殖道而增生肥厚的营养需要；此外，青年母猪自身生长发育的营养需要。

妊娠母猪营养需要有一定的规律性。根据胎儿的生长发育规律、母猪体重增长规律等，一般妊娠母猪前期需要的营养较少，随着妊娠期的增加，营养需要量也随着增加，特别是后期需要大量的营养才能满足需要。一般对妊娠母猪前三分之二时间（妊娠前75d内）采取限量饲养，妊娠后期逐步增加饲料供给量直至断奶（图5-2）。

图5-2 藏猪妊娠母猪

● **（一）饲料要求** ●

藏猪妊娠母猪日粮最好由青、粗、精饲料组成，并注意饲料的全价性及适口性；日粮调制以稠粥料、湿拌料为好；禁喂发霉变质、有毒、冰冻、有刺激性的饲料，以防引起流产。饲料品种不宜经常更换，以免引起藏母猪的消化机能应激紊乱。保证充足清洁的饮水。

放牧藏猪妊娠群应注重补饲精料，可适当给予营养舔砖。

● （二）日常管理 ●

1. 分群饲养

藏猪妊娠母猪在妊娠前期实行分群饲养，每群4~5头，到妊娠后期，适当减少头数，临产前5~7d转入分娩舍，实行单圈饲养。要保持圈舍清洁卫生，防止子宫感染和其他疾病的发生。

2. 适当运动

妊娠母藏猪适当运动，可增强体质，减少难产发生。每天在运动场内自由活动2~3h，有放牧条件的地方，可通过放牧代替运动，在产前5~7d停止运动。

3. 防止流产

对妊娠母猪要防止相互拥挤、撕咬、滑倒、鞭打、惊吓等发生，以免造成损伤，而引起死胎和流产。可以适当提供玩具。

四、藏猪分娩

分娩是藏猪生产中最为重要的一个生产环节，其中心工作是保证母猪安全分娩，尽可能提高初生仔猪的成活率。舍饲藏猪分娩可采用产床，按现代养猪生产工艺控制；半舍饲生产模式，可采用冷季补温措施，可明显提高仔猪成活率；放牧模式下，尽可能在生产区（猪窝铺稻草、锯末等措施）。综合来说，采取半舍饲模式，可有效预防现代养猪业中存在的外源性疾病，效果较好。

藏猪母性很强，一般不用助产和固定奶头，但产前必须做好保暖措施。母猪临近分娩时，通常以衔草、铺垫床絮窝的形式表现出来。

● （一）分娩准备 ●

1. 产房产床模式

根据母猪的预产期，分娩前 2 周左右准备好产房产床，要求干燥温暖，阳光充足，空气新鲜，清洁卫生，并进行彻底消毒。临近分娩前 8～12d 前将母猪放入产房，安置护仔箱，必要的分娩助产用具和母猪生产记录表等用品。

2. 自然放牧模式

自然放牧状态下的分娩藏母猪，由于缺乏和养殖人员的交流接触，野性较重，特别是在分娩过程，不让人员靠近，处于天然分娩状态，饲养人员尽可能事先在分娩区铺好稻草垫料，在窝附近放置饲料及干净的水源即可。

● （二）助产介入 ●

对于进入产房的母猪，必须在 2 周前上产床，其间饲养员尽可能同母猪接触，搔痒、抚摸，圈舍内工作尽量减少噪声、灯光等刺激，为在分娩过程中接产及难产处理打好基础。如出现乳房由后向前逐渐膨大，呈外八字形，阴户红肿。可能离分娩大约 4d，有乳汁挤出，行动不定，起卧不宁，食欲减退，频繁排尿等现象。随之表现呼吸加快，阴户流出分泌物，是即刻产仔的征候。分娩前 24h，母猪表现起卧不安，频频排尿、摇尾、拱地等表现。分娩时多采用侧卧。一般藏母猪多在下午或夜间选择最安静时间分娩。

藏猪护仔性很强，正常情况下，不需要人工介入助产。但饲养人员可以定期巡逻检查，进行必需的护理措施，整个过程要求保持绝对安静。

根据需要，出生后 12h 内称重并将所需信息全部记录，输入电脑，进一步制作母猪档案资料。

五、藏猪哺乳母猪的饲养管理

此阶段的饲养管理目标是：提高母猪的采食量，摄入更多营养，增加泌乳量，产更多的奶，哺育出数量多、断奶体重大、健康的仔猪。减少哺乳期母猪失重，维持较好体况，保证断奶后母猪及时发情配种。

（一）泌乳特点

母猪的每个乳头之间没有直接联系，乳腺构造特殊，乳池退化，不能蓄积乳汁，除初乳期外，仔猪也不能随时吃到母乳。母猪的泌乳行为是受神经控制的，通过仔猪拱奶刺激，向大脑传导，并分泌乳汁。初生仔藏猪需要固定乳头。

藏猪母仔之间是通过嗅觉、听觉和视觉来相互识别和联系，其叫声是一种重要的联络信息。当第一头小猪产出后，小猪吸吮母猪时，母猪四肢伸直亮开乳头，母乳乳头饱满，让初生仔猪吃乳。在整个分娩过程中，自始至终都处在放奶状态，不停地发出哼哼的声音。

乳头位置不同产奶量不同，每个乳头上有 2~3 个乳头管，前部乳头的乳头管较后部的多。因此，前部乳头比后部乳头的产奶量高。母猪产后 2~3d 内的乳叫初乳；以后所产的乳叫常乳。母猪的泌乳高峰在 20~30d，30d 后泌乳量下降（图 5-3）。

图 5-3　哺乳藏猪

● （二）母性行为 ●

哺乳期间的藏猪母猪母性强烈，会刻意保护仔猪，在行走、躺卧时十分谨慎，不踩伤、压伤仔猪，因地制宜，实施防压动作；带仔母猪对外来的侵犯，先发出警报的吼声，仔猪闻声逃窜或伏地不动，母猪会张合上下颌对侵犯者发出威吓，甚至进行攻击。刚分娩的母猪即使对饲养人员捉拿仔猪也会表现出强烈的攻击行为。

● （三）藏猪哺乳母猪的饲养管理 ●

1. 哺乳母猪的营养需要特点

由于哺乳母猪在哺乳期间，要分泌大量的乳汁，一般哺乳母猪饲粮中粗蛋白含量应为 14% 左右。另外在哺乳期间，尤其是泌乳高峰到来时，物质代谢水平比空怀母猪显著增高，所需要的各种营养物质明显增加。青年母猪自身生长发育还需要一定的营养，因此，必须从饲料中予以满足。提供全价饲料，提高饲料赖氨酸含量，以满足最大限度地提高仔猪断乳前窝重和哺乳母猪繁育性能恢复的需要。但过高的营养会损害母猪健康，会使母猪患乳房炎，进而导致仔猪下痢、变成僵猪甚至死亡。如发生乳房炎，可使用青霉素、链霉素等抗生素的全身疗法配合乳头内注入抗生素、温毛巾热敷的局部疗法进行治疗。

严防饲料发霉变质，严禁使用对胎儿和母体健康不利的药物、添加剂，以免造成母猪中毒和乳质改变而引起仔猪腹泻或导致仔猪死亡。

充足的饮水对母猪泌乳十分重要。母猪哺乳期的需水量每天达10L。只有保证充足清洁的饮水，才能有正常的泌乳量。

2. 哺乳母猪的饲喂方法

随养猪规模的大小和饲喂设备及饮水设备的不同，可采用自由采食、自由饮水或湿拌料定量饲喂和定期供水的饲喂方式。

一般在产后喂稀粥料3～4d，以后逐渐改喂干料或湿拌料，一周后逐渐达到标准喂量。视母猪膘情，给予适当调整。断奶时只要母猪体况正常，即可准备配种。

3. 有条件时哺乳母猪实行单栏饲养

这样可减少仔藏猪被压死踩死的损失。母猪产后2～3d，有条件的可到舍外运动场自由活动，对恢复体力，促进消化和泌乳是有利的。

4. 藏猪舍内要求保持温暖、干燥、卫生、安静舒适、空气新鲜

粪便要随时清扫，垫料要一次性铺好。栏圈肮脏、潮湿

会影响仔猪的生长发育，严重的会患病死亡。冬季注意防寒保温，哺乳母猪产房应有取暖设备，防止贼风侵袭。在夏季注意防暑降温，增设防暑降温设施，防止母猪中暑。经常消毒，最好每 3~5d 用无副作用的消毒剂消毒猪栏和走道，防止发生子宫炎、乳房炎、仔猪下痢等疾病。

5. 饲养人员和技术人员要勤观察

母猪采食情况、粪便、精神状态及仔猪的生长发育，以便判断母猪的健康状态，如有异常及时处理。

产后乳少或无乳的母猪应查明原因，采取相应措施。有些母猪因妊娠期营养不良，产后无奶或奶量不足，可喂给小米粥、豆浆、胎衣汤、小鱼虾汤、煮海带肉汤等催奶。对膘情好而奶量少的母猪，除喂催乳饲料外，同时应用药物催奶。

任务 5-3　藏猪仔猪饲养管理技术

【技术要点】

一、藏猪哺乳仔猪饲养管理技术

仔猪的培育是藏猪生产的重要环节之一。从初生到断奶这一时期的猪称为哺乳仔猪。这一阶段是幼猪培育的最关键环节，仔猪出生后的生活环境发生了根本性的变化，从恒温到常温，从被动获取营养物质到主动维持生命，哺乳仔猪死亡率明显高于其他阶段。这一阶段的主要任务就是尽量减少仔猪死亡率，获得高的成活率、最大的断奶窝重和个体重。

● （一）仔猪接产准备 ●

1. 产房准备

哺乳仔猪培育的最大难题是黄白痢，黄白痢是由病毒、细菌和寄生虫所引起。为保证母仔产后平安，减少仔藏猪黄白痢，防止母猪产后感染，做好产房消毒是关键性环节。具体做法：产仔前 10d 全舍进行一次大消毒（未实行全进全出的应对房圈或高床分娩栏消毒）。所有的猪栏、运动场都要彻底清除粪便及污物。产房地面、栏杆、饲槽、饮水器、保暖设备等要维修好，走道和猪栏要彻底清扫，然后用高压水冲刷走道、猪栏和墙壁，再用2%苛性钠（火碱）水溶液仔细喷雾消毒，如果产房潮湿，应注意通风，保持产房干燥。

2. 产房保温

寒冷季节产房必须有采暖设备，产房温度以 15～18℃ 为宜，仔猪应有保温装置（护仔藏猪箱、红外线灯、电热板等），为仔猪创造一个温暖的小环境。

3. 母猪卡片

卡片项目包括：母猪耳号、与配公猪号、配种日期、预计产仔日期、母猪产次、经产成绩及备注。

4. 变料减料

产前 10d 转入产房逐渐改用哺乳期饲料。如果母猪膘情好，产前 5～7d 开始逐渐减少喂量，至产前减至日粮之半。发现临产征状，停止喂料，只饮豆饼麸皮汤。如果母猪膘情不好，乳房膨大不明显，则不但不减料，应加喂一些富含蛋白质的催乳饲料。

一般情况下，藏猪以自然分娩为主，除特殊情况外不需要接产。

● （二）哺乳仔猪的生理特点 ●

1. 生长发育快

仔猪出生时的体重接近 0.2kg，不到成年体重的 1%。物质代谢相当旺盛，特别是仔藏猪对蛋白质、钙、磷的代谢能力强，大大高于成年藏猪，对营养不平衡很敏感。所以仔藏猪在哺乳期除进行正常补乳外，还应补给乳猪开口料，以满足生长发育的营养需要。

2. 体温调节机能不健全

仔藏猪出生后 20d 内体温调节中枢神经尚未发育健全，调节体温能力差，做好哺乳仔猪保温是减少死亡率的重要措施之一，尤其是冬春产仔时更应做好猪舍（窝）的防寒保温工作。

3. 先天免疫力较弱

仔猪出生时缺乏先天性免疫力，只有初乳才能把母猪的抗体传递给仔猪，并逐渐过渡到自体产生抗体阶段。母猪初乳中免疫球蛋白含量较高，初乳中的免疫球蛋白含量下降很快，母猪分娩 12h 后，球蛋白含量比分娩时下降 75%，随着乳汁分泌量的增加，球蛋白由于被稀释含量越来越低，而仔猪出生后在 24h 内对初乳中的免疫球蛋白抗体吸收量最大，因此，应使仔猪尽早吃到初乳。

● （三）哺乳仔猪死亡的原因 ●

分析哺乳仔猪死亡的原因，采取应对措施是降低风险，提高效益的必要工作。

1. 饲养管理方面

（1）冻死。初生仔猪体温调节机能不完善，加上被毛稀少和皮下脂肪少等因素，在保温较差的条件下常因寒冷而被冻死。

（2）压死。母性较差的经产母猪、部分初产或产后患病，环境嘈杂引起的应激反应，导致母猪脾气暴躁，加上弱小仔猪不能及时躲开而被母猪压死或踩死。

（3）饿死。母猪由于产后少奶或无奶且通过催奶措施效果不佳，乳头有损伤，产后食欲不振，所产仔猪数大于母猪有效乳头数且寄养不成功时，仔猪均可因饥饿而死亡。

（4）咬死。仔猪在某些应激条件（拥挤、空气质量不佳、光线过强、饲粮中缺乏某些营养物质）下会出现互相咬尾或咬耳的恶癖，出现"相食症"，进而发生细菌感染，严重的会死亡；某些母性差（有恶癖）、产前严重营养不良、产后口渴烦躁的母猪有咬吃仔猪的现象；仔猪在寄养时，有的保姆猪也会将寄养仔猪咬伤或咬死。

另外，藏猪哺乳仔猪初生需要注意的是在出生 24h 内补充铁糖制剂，防止仔猪缺铁、硒及拉稀；出生后 7d 开始，需要添加营养全面的开口料；临近断奶，慢慢过渡到仔猪料，并逐步加大喂料量，进入保育期。

2. 母猪方面

（1）母乳不足。发生母乳不足的原因主要是母猪营养不良、年龄偏大、患乳房炎或感染其他疾病。由于母猪病理或生理机理下降、营养摄入不足等原因，造成产后少乳或缺乳，仔猪饥饿而死，或因营养不良导致体质下降，最终发生衰竭或感染疾病死亡。

（2）弱胎。发生弱胎的原因主要是妊娠期母猪体质差、年龄偏大、窝产仔数过多、饲料营养不全或发霉变质等。弱胎仔猪出生后，往往争抢不到乳汁，加上活动能力弱、抗病力差，弱胎仔猪基本上因饥饿而死亡。

3. 疫病方面

（1）腹泻病。据统计由腹泻引起藏猪乳猪死亡的比例达12%，尤其是仔猪黄白痢、传染性胃肠炎、生理性腹泻等。生理性腹泻是由于哺乳期仔猪胃发育不完全、消化机能不完善，易受外界环境的影响而产生消化不良；仔猪黄白痢是受致病性大肠杆菌的侵害在寒冷季节发生的腹泻。

（2）从母体传染给仔猪而造成的死亡。如细小病毒、伪狂犬、蓝耳病、布氏杆菌等。

但在半舍饲或完全放牧条件下，仔猪死亡率相对较低。

二、藏猪断奶仔猪保育技术

从断奶到6月龄的仔猪叫保育仔猪。这一阶段的主要任务是仔猪断奶后快速生长，获得最高的日增重。为培育优良后备猪或提高育肥效果打下良好基础（图5-4）。

● （一）仔猪断乳 ●

断奶是要母仔分离，并使仔猪从母乳加饲料转为独立采食饲料的过程。断奶使仔猪失去母仔共居的温暖环境，离开母亲而产生较大的应激反应；还会有换圈、混群等一系列刺

图 5-4 保育仔猪

激，影响仔猪发育，甚至患病，形成僵猪乃至死亡。因此，必须重视仔猪的断奶方法和断奶后的饲养管理。

1. 断奶时间

断奶时间应根据藏猪场的性质、母猪的利用强度及饲养管理水平而定。一般在半舍饲条件下 30~35 日龄断奶；原生态自由放牧状态下自由断奶。

2. 断奶方法

断奶可采取一次性去母留仔的方法，达到断奶日龄时，先赶走母猪，在原产房留仔猪 5d 左右后再逐步移动、并圈，尽可能减少应激反应。

● （二）饲养管理技术 ●

断奶仔猪管理主要工作：

（1）供给营养全面的全价配合饲料，供给充足洁净的饮水，一天至少饲喂 3 次；移入保育猪舍前一个月，可以每周 2 次适当添加土霉素粉剂，仔细观察，重点注意仔猪黄白痢的产生。保育后期，每天可适当添加新鲜的青绿饲料。

（2）严格防疫，按防疫程序按期足量注射疫苗，定期消毒，注意生物安全。

● （三）防止僵猪的产生 ●

1. 僵猪产生的原因

妊娠母猪饲养管理条件差，营养缺乏，使胎儿生长发育受阻，造成先天不足；泌乳母猪乳汁少，影响仔猪在哺乳期的生长发育；仔猪患病，如营养性贫血、白肌病、腹泻、喘气病、体内外寄生虫病等严重影响了仔猪的生长发育；仔猪开食晚、补料质量差，使哺乳仔猪生长发育缓慢；近亲繁殖或乱交滥配所生仔猪，生活力弱，发育差等原因易形成僵猪。

2. 预防措施

加强母猪妊娠期和泌乳期的饲养管理；创造适宜的环境条件，搞好仔猪的养育和护理。早开食、适时补料，并保证仔猪饲料的营养全价性，满足仔猪迅速生长发育的营养需要；避免近亲繁殖和母猪偷配，以保证和提高其后代的生活力和遗传品质；及时驱除仔猪体内外寄生虫，有效地预防仔猪腹泻等疾病的发生。对发病的仔猪要及时采取相应的有效措施，尽量避免反复感染，为缩短病程，要早发现、早治疗。

任务 5-4　藏猪育肥技术

【重点理论】

藏猪肥育饲养目的是获得成本低、数量多、质量好的出栏藏猪，使生产者获得最终的经济效益。既是藏猪生产的终端环节，也是体现经济效益的重要阶段。

育肥藏猪在整个藏猪生产中占总饲养量的83%以上，在生产中要力求提高增重速度，增加瘦肉产量，体现藏猪种质特性，降低饲料消耗，早日达到屠宰体重，提高出栏率，加速资金周转速度，增加经济效益。

一、藏猪生长发育规律

　　生长是发育的基础，发育反过来又促进生长。生长是通过同化作用进行的物质积累，发育是通过细胞分化实现各种组织、器官的形态结构和机能的完善过程。在生产过程中，应随时观察藏猪的生长发育规律，采取相应的饲养管理措施。

　　肥育藏猪生长发育主要表现在体重增长速度变化、体组织变化和化学成分的变化上。

（一）体重变化

　　藏猪在0~5月龄阶段生长速度较慢，但正处在生长发育的关键时期，对饲料营养和温度等要求相对较高，加强饲养管理是十分必要的，这一时期的生产水平，在很大程度上决定着育肥生产的总体效果。日增重的转折点出现在5~6月龄，这时体重相当于成年藏猪体重的35%左右。此后进入增重较快阶段。所以在这个时期应该加强饲养，使肥育藏猪早日达到适宜的出栏体重，提高肥育效果。如果在增速生长期营养供应不足或放牧时间过长，则降低日增重，增加饲养成本，导致经济效益下降。

（二）体组织变化

　　藏猪身体各部位的生长发育顺序和速度是不平衡的。头部是最早发育的部位，其次是腿。幼猪的头和四肢相对较大，体躯短窄而浅，后躯和臀部发育差。随年龄和体重的增长，体高和体斜长增加，接着是厚度和宽度的增加，腰部是最晚熟的部位。

藏猪体主要组织的变化是指骨骼、皮肤、肌肉和脂肪的生长规律。随着年龄的增长，骨骼最先发育，肌肉处于中间，脂肪是最晚发育。藏猪在生长肥育过程中，骨骼、皮肤、肌肉、脂肪四种组织同时都在生长。但其生长强度是随体重和年龄的增长而变化，其生长顺序有先后，生长强度有快慢。

【技术要点】

二、育肥前准备工作

● （一）圈舍准备 ●

在育肥之前，先要修整圈舍，用2%来苏尔或3%火碱溶液喷洒地面和墙壁。自然通风干燥，在高温季节做好防暑降温工作，冬季做好适当的防寒保暖工作。

● （二）架子猪的选择 ●

肥育用藏猪可在5周龄去势。早期去势伤口愈合快，手术简便。必要时应使用抗生素1~2d，每天2次。

育肥架子猪选用已经去势、体重均一、活力强、健康的仔猪，进行合理的分群。

三、育肥藏猪饲养管理

● （一）饲养 ●

舍饲藏猪一般 45d 断奶，放牧条件下达到 60d 以上自然断奶。舍饲条件下按生长发育阶段（体重 20kg 左右）可分为肥育前期与育肥后期。

1. 营养水平

肥育藏猪日粮中能量和蛋白质水平的高低对胴体品质影响大。一般来说能量摄取越多，增重越快，饲料利用率越高，胴体脂肪沉积越多。但能量水平受限过低，会导致增重减慢，脂肪减少，屠宰率和饲料利用率均降低。当饲料粗纤维水平越高，能量浓度相应越低，增重慢，饲料利用率低。一般肥育藏猪日粮粗纤维含量以 10%~15% 为宜。提高日粮中蛋白质水平，除能够提高日增重外，还可以获得背膘薄、眼肌面积大、瘦肉率高的胴体。但用提高蛋白质水平来改善肉质会提高成本，一般蛋白质水平不超过 16%。蛋白质对增重和胴体品质的影响，关键在于质量，即氨基酸的平衡。尤其是赖氨酸含量，还有蛋氨酸和色氨酸等限制性氨基酸作用更突出。日粮中应含有足够数量的矿物质和维生素，特别是矿物质中某些微量元素的不足或过量时，会导致肥育藏猪代谢紊乱，轻者增重速度缓慢，饲料消耗增多，重者能引发疾病，甚至死亡。

2. 饲养方式

（1）"直线肥育"饲养方式。所谓直线肥育就是根据肥育藏猪不同生长发育阶段给予相应的营养需要，全期实行丰富营养饲养的封闭肥育方式。这种饲养方式肥育期短，但饲料利用不经济，胴体较肥，肉品质下降。

（2）"前丰后限"饲养方式。肥育前期采用高能量、高蛋白质日粮，以促进肌肉充分生长，快速增重。后期适当限制其采食量或降低日粮能量及蛋白质水平，以减少脂肪的沉积。这种饲养方式胴体较瘦，饲料利用经济，但肥育期较长（图5-5）。

图5-5　半舍饲育肥藏猪

（3）"自然放牧"饲养方式。在终年散养放牧的地区，藏猪常年露宿野外，生长发育缓慢，育肥期较长。如果要提高藏猪育肥效果，就必须使藏猪的放牧方式转变为每天归牧，在归牧后补饲适量精料和青绿饲料。一来补充能量和营养物质；二来使藏猪养成每天归牧的习惯。这种方式育肥时间长，但管理相对简单，肉质好（图5-6）。

3. 饲喂技术

（1）饲料选择。饲料的消化性、适口性、营养价值和价

图5-6　放牧育肥藏猪

格对肥育效果有一定影响。在日粮配合时要选择多种饲料搭配，满足生长肥育藏猪的营养需要。采用分阶段全价配合饲料效果好。但藏猪养殖多数采用自配料，养殖方式比较粗放，应该注意饲料原料的选择。例如，除玉米、豆饼、青稞等主要原料外，动物蛋白如脱脂奶粉、优质鱼粉，虽然价格较高，但对仔猪生长效果好，应适当选用。动物脂肪可以提高日增重，改善饲料效率，应适当选用。

　　（2）饲料调制。玉米等谷实类饲料的粉碎细度，颗粒直径以中等粉碎程度为好。用大麦、小麦喂育肥藏猪时，用压片机压成片状比粉碎效果好。青绿饲料、块根块茎类、青贮料及瓜类饲料，可切碎或打浆拌入配合精料一起喂效果好。干粗饲料一般都应粉碎，缩小体积，改善适口性和增加采食量。总之，喂藏猪常用的绝大多数饲料，都应当粉碎，配制成全价饲料生喂效果好。风干饲粮按不同比例掺水，有利于藏猪采食，缩短饲喂时间，避免舍内有饲料粉尘，用槽子喂或在水泥地面撒喂，另给饮水。饲料掺水过多影响消化吸收，降低增重和饲料利用率。饲喂颗粒料或粉料在效果上差异不明显。但颗粒料的制作成本较高。

（3）饲喂方法。断奶至 15kg 阶段每天宜喂 3~4 次。15kg 以上如果饲粮是精料型的，则每天饲喂 2 次。如果饲粮中包括较多的青饲料、干粗饲料或糟渣类饲料，则日喂 3~4 次是必要的，能增加每天采食总量，有利于增重。

（4）充足的饮水。水是机体所有细胞的组成成分，对调节体温、养分消化吸收运转、废物排泄等新陈代谢过程都有重要作用，供水不足或水质不良，影响肥育性能。藏猪每采食 1kg 风干饲料，需水 5~8kg。藏猪需水量，因采食量、食入食盐及气温变化而变化，夏季需水量大。舍饲藏猪舍最好采用自动饮水器自由饮水，放牧藏猪要保证自然水源洁净方便。

● （二）管理 ●

1. 合理组群

舍饲肥育藏猪入舍后，按藏猪的品种、性别、体重、体质强弱等相近的原则组群，以达到群体保持稳定，减少互相争斗的目的，每群以 15~20 头为宜。不同窝藏仔猪合并时，把较弱的仔藏猪留在原圈不动，把体质较好的仔藏猪并入他群；把数量小的群留在原圈不动，而把数量多的群并入他群；合并工作最好在夜间进行。

2. 合适的饲养密度

圈养密度过高，藏猪间冲突增加，群居环境恶劣，致使局部气温升高，食欲减退，采食量减少，健康状况下降。这会降低增重速度和饲料利用率。圈养密度过低，每栏饲养头数少，造成资源浪费。所以需要根据季节进行适当的变化，如冬季可适当密些，而在夏季可适当减少些。

3. 调教

藏猪在新编群或调入新圈时，要及时调教，使其养成在固定位置排便、睡觉、采食和饮水的习惯，这样可减轻劳动强度，保持圈舍卫生。

4. 防寒防暑

舍饲肥育藏猪适宜温度为 15～18℃，气温过高采食量显著下降，导致减重。气温过低，虽然采食量增加，但用于维持消耗能量增多，同样导致减重。因此冬季要防寒保暖，采用节能保温猪舍，或配合厚垫草、提高饲养密度。夏季要防暑降温，可采取水浴、通风、遮阳等方法，并供给充足清凉饮水。搞好猪场植树绿化，能改善小气候。

封闭藏猪舍应注意经常通风换气，定期清扫，保持舍内空气新鲜，温度、湿度适宜。湿度对育肥藏猪生产的影响小于温度。空气的相对湿度以 40%～60% 为宜。但当气温过高或过低时，空气高湿度对肉藏猪的健康、增重和饲料利用均有不良影响。尤以低气温高湿度的影响更为严重，有利细菌的大量增繁。空气相对湿度过低降低其防卫能力，促使呼吸道和皮肤疾患增加。

5. 驱虫与防疫

驱除藏猪体内外寄生虫是提高饲养效果的一项重要措施。一般在 15kg 及 30kg 左右驱虫各一次。按规定免疫程序进行防疫注射非常重要。疫苗要严格按照要求运输和保存，以免失效。大群接种时，要事先进行小群接种观察，确认无异常反应后，方可进行。接种时，要按疫苗标签规定的部位和剂量准确操作。

6. 适时出栏

藏猪适宜出栏时间一要考虑藏猪的胴体品质，二要适应消费者要求，三要考虑经济效益。藏猪的体重越大，胴体脂肪比例越高，胴体瘦肉率随之下降，肉质品质下降；体重过小，则屠宰率低，产肉量少，肉质欠佳。适宜出栏体重以50kg出栏为宜。

任务5-5　藏猪生态床养殖技术

【重点理论】

一、概念和原理

发酵床养猪技术由日本民间首先发现，并应用于生产实践中。是一种无污染、无排放的、无臭气的新型环保生态养猪技术，具有成本低、耗料少、操作简、效益高、无污染等优点。

藏猪生态养殖技术是以活性微生物生长发育的发酵床为核心，利用微生物作为物质能量转换的媒体，采集特定有益微生物，通过筛选、培养、检验、提纯、复壮与扩繁工艺流

程，形成具备强大活力的功能微生物菌种，再按一定的比例
将其与锯末或木屑、辅助材料、活性剂、食盐等混合发酵制
成有机复合垫料，具有自动满足舍内藏猪对保温、通气以及
对微量元素生理性需求的功能。整个饲养过程不清粪便，有
效提高冷季猪舍温度，增加藏猪抵抗力，从而节约成本提高
效率，降低养殖污染，保持生态平衡，生产出优质藏猪肉为
主要特点的一种环保型综合藏猪养殖技术。核心技术是提升
传统藏猪养殖方法、发挥微生物效能，替代化学产品投入。
主要目标是保护生态环境、提高产品质量、节约资源消耗、
实现藏猪养殖业可持续发展。

二、技术优越性

● （一）猪舍投资小 ●

此类猪舍建造设计要求低。一般要求东西走向坐北朝南，
充分采光、通风良好，南北可以敞开。通常每间面积约
25m²，墙高2.7m，屋脊高4m。有可自由开闭的窗子，阳光
可照射整个猪床的每个角落，使猪舍内部的微生物适宜生长
繁殖，利于发酵。北侧建自动给食槽，南侧建自动引水器。
如果用温室大棚养，造价更低，而且小气候更容易调节。夏
天放下遮阳膜，把四周裙膜摇起，可以通风降温。养猪大棚
跨度一般为4~5m，长度为20~25m，四周围栏高1.0~1.2m，
支撑大棚可用空心砖等材料砌成。也可以在原建猪舍的基础
上稍加改造就行。

● (二) 彻底解决环保问题 ●

有机垫料里的有益微生物，能够迅速有效地降解、消化藏猪的粪尿排泄物，降低粪尿产生的臭味；同时生态床内垫料、粪尿、残留饲料是微生物源源不断的营养食物，被不断分解，利用藏猪爱拱的习性，使藏猪吃到生态床产生的各种真菌菌丝、菌体蛋白质、发酵分解出来的微量元素等，达到整个藏猪舍无废料、无残留、无粪便产生。正常发酵时生态床内部中心温度可达 60~70℃，表层温度维持在 25~30℃，底部温度可达 40~50℃。可有效杀死粪便中的虫卵和病菌，使苍蝇蚊虫失去了生存的基础，所以在生态床式藏猪舍内非常卫生干净，很难见到苍蝇，空气清新，无异臭味。不需要每天清扫冲洗，没有任何污水和废弃物排出，真正达到零排放的目的，达到环保要求。

● (三) 切实提高肉品质 ●

生态床环境优越，藏猪处在自由的生存环境中，活动量较大，生长发育健康，抵抗各种疫病的能力增强，发病率减少。特别是呼吸道和消化道疾病的发生很少，整个生产过程所使用的抗生药物、疫苗等数量下降，切实提高了藏猪肉品质。

● (四) 有效提高综合效益 ●

藏猪生态养殖免除了对猪圈的清理工作。如果在藏猪舍圈内安装自动食槽、自动饮水器，会大大降低劳动强度，经济效益明显。

● （五）降低饲养成本 ●

常规藏猪舍饲养殖需要大量的水来冲洗猪舍，藏猪生态养殖法免除冲洗用水，较传统集约化养殖可节省用水 85%～90%。"冬暖夏凉"的环境可节省取暖开支。垫料经发酵后，降解出的放线菌菌丝、微量元素、蛋白质等，锯屑中的木质纤维和半纤维也可被降解转化成易发酵的糖类。藏猪通过翻拱食用，获得了一定的营养。

【技术要点】

三、藏猪发酵床养殖工艺

● （一）藏猪场规划设计 ●

1. 场址选择

建立藏猪场地势要选择在地势高燥、背风、向阳、水源充足、无污染，"三通"便利；藏猪场应远离铁路、公路、城镇、居民区和公共场所 0.5km 以上；离开屠宰场、畜产品加工厂、垃圾及污水处理场、风景旅游区 2km 以上。

2. 藏猪场布局

在建造藏猪场时，做到统一规划，合理布局，生产、生活等功能区要科学布置。藏猪场生产区按夏季主导风向应在人员生活管理区的下风向或侧风向处布置，隔离舍和粪污处理区应在藏猪舍的下风向布置。猪场净道与污道分开，互不干扰。

藏猪舍一般为东西走向，东西向偏南或偏北不超过 30°，相邻两猪舍间距一般为 6m。生产区四周设围墙或其他有效屏障，大门出入口设人员更衣消毒室。

3. 发酵床面积确定

根据藏猪的种类、大小和饲养数量的多少来计算。一般保育藏猪按 0.3m²/头计算；育肥藏猪按 0.6m²/头计算；母藏猪舍 1.5m²/头。

● （二）藏猪舍内部结构部署 ●

1. 藏猪舍建造

藏猪育肥舍建筑形式一般采用有窗双坡屋顶式，舍内为单列式分布，藏猪舍跨度一般为 8m，长度根据实际情况而定，一般为 20m 左右，过长不利于机械通风；藏猪舍内人行走道宽 1.0m；排水槽与水泥饲喂台设为一体，饲喂台宽 1.5m；排水槽宽 15～20cm；与饲喂台相连的是发酵床，宽 5m；每 7m 隔栏，每栏可饲养育肥藏猪 60 头左右。

藏猪保育舍与育肥舍建筑形式基本相同。同样面积饲养数量比育肥藏猪增加 1 倍。

妊娠（空怀）母藏猪舍建造与育肥藏猪舍建筑形式一样，但要求每栏饲养的藏母猪数量不能太多，一般在 12 头左右。

2. 发酵床建造

建造方式有地上、地下和半地上式三种。地下水位较高或土壤排水效果差时，可采用半地上或全地上式。发酵床的深度一般为 80～100cm，最低不能小于 50cm。发酵床四周用 24cm 砖墙砌成，内部表面水泥抹面；床体下面为原土质，不需硬化或者夯实处理。

3. 饲喂台设置

建造水泥饲喂台时，应向走道一侧倾斜坡度 2°~3°，以防止藏猪饮水时滴漏的水流出饲喂台，浸湿垫料。一般育肥藏猪（保育藏猪）舍水泥饲喂台宽 1~1.2m。采用自动饮水系统。

● （三）发酵床制作工艺 ●

1. 垫料要求

垫料活力的高低决定了粪便分解和垫料发酵的效率。主要有锯末、稻壳、麸皮、菌种等。锯末主要是保持水分，为菌种发酵提供水分和碳素，应当新鲜、无霉变、无腐烂、无异味的原木粉状木屑。不能含有防腐剂、驱虫剂等；稻壳的主要作用是疏松透气，为菌种发酵提供氧气，也应当是新鲜、无霉变、无腐烂、无异味、不含有毒有害物质，不需要粉碎。也可用经过粉碎的花生壳、玉米芯、玉米秸秆等农作物代替；麸皮的主要作用是为菌种提供营养，也可用玉米粉、米糠代替。

2. 垫料组合比例

制作发酵垫料就是通过相关措施控制碳氮比，使发酵菌种均衡、持续、高效地活动和繁殖。最常用的垫料组合有："锯末+稻壳""锯末+玉米秸秆""锯末+花生壳"等，但不管那种组合，其锯末占垫料的比例最好不要低于30%。

3. 菌种选择

辨别和选择菌种的方法：要选择正规单位制作的菌种；包装要规范，有详细的产品使用说明或技术手册，售后服务良好，技术较为可靠；颜色纯正，无异样味道；与已经使用菌种的养殖户交流，以确认其使用效果。

4. 发酵床制作

垫料制作既可以在藏猪舍外场地集中制作，也可以在发酵床内进行。不同的地区，不同的技术资料有异同。

（1）原料及比例。1m³ 垫料 ［锯末：稻壳为（1~2）：1］，麸皮或米糠 2kg，固体菌种 0.2kg，适量水。

（2）混合。将用麸皮或米糠稀释后的菌种混合物与锯末、稻壳按比例边混合边喷水，使含水量控制在 50%~60%，以手紧握垫料能成团，松手能散开，手心无明显水珠为宜。

（3）垫料堆积酵熟。将调整好湿度的垫料堆积起来发酵，堆积高度 1.5m 以上，每堆体积不少于 10m³。垫料表面可用能透气的编织袋、麻袋等覆盖。正常发酵成熟过程第一关键点是在发酵的第二天垫料温度即可上升到 40~50℃。第二关键点是 4~7d 垫料核心最高温度可达 70℃ 以上，在 65℃ 以上保持 48h，之后温度逐渐降到 45℃ 左右基本保持稳定，此时即表明垫料发酵成熟。正常情况下，夏天需 7~10d，冬天10~15d。发酵成熟的垫料，由内往外翻耙平整垫料，然后在垫料表面铺设 10cm 左右的未经发酵过的垫料原料，经过 24h 后即可进猪。

成熟的发酵垫料，其气味清爽，无恶臭、无霉变气味，具有一股淡淡的清醇香味。

5. 发酵床的使用

正常使用中的垫料，表面温度一般在 30℃ 左右，pH 值在7~8。20cm 以下部分应是酒香味加木屑味，无霉变气味、无氨气、无臭味；垫料下 30～50cm 中心部位应是无氨味，相对湿度在 50% 左右，温度在 40℃ 左右，水分明显较上层少，并可看到白色的菌丝。如与上述现象有较大出入，说明垫料发酵不正常。

一般"锯末+稻壳"组合使用年限为 2～3 年，也就是说 2～3 年清理一次垫料。在满足垫料制作透气性、吸水性等基本条件的配方垫料的前提下，原则上垫料原料碳氮比越高，垫料的使用年限就越长。

6. 异常情况处理

垫料在堆积发酵过程中，由于各种因素的影响，会出现一些异常的变化，主要通过温度的变化表现出来。一是温度上升较慢。48h 才能上到 40℃ 左右，这主要是垫料的水分太高或环境温度太低所致。如果水分较高可等 1～2d，温度也可以升到 65℃ 以上，也能成功；如果温度无法升到 65℃ 以上，可以翻动垫料一次，使其透气性增加，一般也可以发酵起来。如还不行就应再添加麸皮（米糠）和增加干垫料原料，混合均匀，重新发酵。如果环境温度过低，就要采取提高环境温度来解决。二是停止升温。一种情况是温度升到 60℃ 左右就停止升温了，这种情况多数是因麸皮（米糠）的数量不够或质量不好所致，应在原来数量的基础上再增加 50% 的麸皮（米糠），重新混匀发酵。另一种情况是温度在 40～50℃ 徘徊，主要是因堆积的高度过低，应在原来数量的基础上再增加 50% 的麸皮（米糠），重新混匀发酵。堆积高度应达到 1.5m 以上，体积不少于 $10m^3$。三是温度不均。垫料四周的温度差异很大，有的地方温度达到 75℃ 以上，有的点只有 50～60℃。

这主要是因没有混匀所致，应在原来数量的基础上再增加50%的麸皮（米糠），重新混匀发酵。

● （四）饲养管理 ●

1. 注意事项

藏猪进入前，同样要做好圈舍消毒以及藏猪的免疫、驱虫等准备工作。藏猪刚刚进入发酵床，由于藏猪粪尿较少，发酵床表面较为干燥，藏猪在活动过程中会出现扬尘，因此可适当洒水或喷雾来调整垫料的湿度，地面湿度必须控制在60%，应经常检查，尽量避免扬尘出现，保持舍内空气清新。同时，要每天清扫舍内卫生，将饲喂台上的粪便、垫料残渣清扫到垫料区；对藏猪粪便要进行适当调整，使其均匀分布在垫料区，尽量不要堆积，以加快其分解。

2. 定期翻耙

定期翻耙主要是为了提高发酵床的透气性。一般每周根据垫料湿度和发酵情况翻耙垫料 1~2 次，深度在 30cm。如垫料太干，视情况向垫料表面喷洒适量水分，用铁叉把特别集中的藏猪粪分散开来；在特别湿的地方按垫料制作比例加入适量锯末、谷壳等新垫料原料，用铁叉把比较结实的垫料翻松，把表面凹凸不平之处整平。并视情况补充适当水分、垫料原料和发酵菌种。为利于藏猪拱翻地面，藏猪的饲料喂量应控制在正常量的80%。

3. 消毒和防疫

正常饲养管理条件下，猪舍内垫料范围不直接使用广谱消毒药进行消毒，不实施猪体消毒，以保证舍内有足够的有益菌浓度。舍内走道、饲喂台、墙壁等可采用物理消毒措施。

舍外按照常规要求进行消毒，阻断病原微生物的传播。防疫要按照免疫程序进行，必须使用国家批准生产或已注册的疫苗，并切实做好疫苗的管理、保存工作，严格执行"一猪一针"的免疫注射技术规范要求，防止交叉感染。

4. 日粮要求

藏猪自然养殖法对饲料没有特殊的要求，鉴于垫料微生物的生长繁殖活性，饲粮禁止添加抗生素，选择改善有益微生物生存环境的相关饲料，如微生物发酵饲料、微生态制剂及中草药等。

5. 发酵床重复利用

使用全进全出制管理藏猪群，当转群或销售出栏后先将发酵垫料放置干燥 2~3d，蒸发掉部分水分，再将垫料从底部均匀翻动一遍，适当补充米糠或麸皮与菌种，重新由四周向中心堆积成梯形，表面覆盖麻袋等透气覆盖物使其发酵至成熟，利用生物热能杀死病原微生物后重复使用。

四、问题与前景

利用发酵床饲养藏猪经济可行，但需要进一步改进：一是发酵床主要靠微生物降解藏猪的粪尿，但目前所使用的菌种分解效率不是很高，使得单位面积饲养藏猪的数量有限。另外半开放式猪舍受外界环境变化的影响，研究如何使菌种在不同的气候条件下都能发挥较高的效率也是一个需要解决的问题。所以，分离培养出高效、经济、适用范围广的菌种是研究热点。目前，养猪业传染病流行，发酵床养藏猪模式比较难以控制。当发生蓝耳病、圆环病毒、口蹄疫、猪瘟等烈性传染病时，单纯靠隔离治疗疫病是行不通的，但大量用药就不能再发酵了，并且病毒可能长期存在于发酵床上，所以一旦发病将损失惨重。因此，大规模推行藏猪发酵床养殖模式值得进一步探讨。

任务 5-6　其他藏猪养殖技术

1. 藏猪沙地养殖模式

沙地养猪技术是近年来兴起的一种简易、环保和兼顾养猪福利的养猪模式。由原来的蔬菜种植塑料大棚改进而来。主要做法是：采用旧大棚或钢架结构可移动圈舍，先将圈舍顶棚改成遮阳式，放入架子猪，设计简易的饲喂饮水设备，出栏后，第二育肥周期转入下一个场地，再把遮阳式顶棚改回阳光式，继续进行种植作物的方式，并以这种方式进行循环。

藏猪更具有接近自然的天性，在沙地养殖模式下越加活泼好动，生态健康，既符合藏猪生物特性，又符合当前的环保大政策（图 5-7）。

2. 藏猪放牧养殖模式

藏猪属放牧饲养较原始的瘦肉型小型猪种，具有极强的野性、适应能力和抗逆性。藏猪的传统养殖习惯以放牧为主、补饲为辅的粗放养殖方式，需要 1.5~2.0 年、体重 30kg 左右出栏。由于自然放牧藏猪因为会受到野兽猛禽袭击，抵御恶劣的高寒气候，和低劣的饲养管理条件的限制，长期以来形成了视觉发达、嗅觉灵敏、能奔善跑、四肢结实，鬃毛粗长、

图5-7　沙地养殖育肥藏猪

绒毛丛生、抗病力强等高原生态环境生存特点。

　　试验表明，放牧条件下藏猪对生活区域的选择及其行为表现受季节的影响，低温时活动多，高温时活动少。在终年放牧条件下，饲养管理水平低下，藏猪常年露宿野外很少归牧，只有在冬春季节归牧时补饲少量精料或青干草。在此条件下生长发育速度缓慢，自然育肥期很长。要提高藏猪生长发育速度、缩短育肥期就必须每晚归牧后补饲适量精料和青绿饲料，补充能量和营养物质，更使藏猪养成每天归牧的习惯，便于管理。

　　在自然放牧条件下藏猪的采食范围极广、能力极强。从草本到木本，从根茎到叶果，从水面到陆地均可采食。采食的种类有各种野生菌、野菜、杂草、草根、草籽、树叶、树实、人参果、青稞、豌豆、块根块茎等可食性草本植物并且能够在浅水中捕食鱼、虾、蛙类。饮山泉水或低洼地积水。冬春季节能够舔舐积雪解渴。栖息习性多趋向于避风、向阳、干燥之地。可直接拱土为窝，或利用天然洞、坑，或人造简易巢穴为据点。白天8时左右在栖息地附近采食活动。其活动范围一般在 2km 以内。18 时左右返回栖息地，习惯于在栖息地附近排泄粪便。晚上基本停止活动。藏猪采食、栖息场所更换频繁程度取决于食物、饮水、敌害等诸因素。在水草丰茂、食物充裕、敌害较少之地一般滞留时间较长。一旦采食、饮水、安全受到威胁或侵害时，猪群便自发性地迁移别处。一般迁移间隔期为 4~7d，迁移距离 0.5km 左右。藏猪群体性很强。藏猪群在行走、奔逃、觅食、饮水、栖息及其他活动时，一般结群而行，从不分散活动。仔猪亦尾随母猪同大群一起活动，从不离群。藏猪一般以一家一户为独立活动单位，极少有户群混杂现象。藏猪群中常以 1~2 头公猪或母猪为领袖，其余猪均尾随其后。若遇外来猪群和敌害侵扰时，常以公猪和哺乳母猪奋力争斗和驱赶敌手，若抵敌不支，便全群迁移、逃遁。

自然放牧活动中，藏猪所受到的天敌是不容小觑的，主要有野狗、鹰、狼、豺狼、狐等，有报道表明"全自然放牧藏猪群中，如果没有人为干预措施，一窝仔猪中只有 2% 藏猪顺利长大，其中主要天敌是野狗，这是由于流浪狗在藏区草原的泛滥现象"（图 5-8）。

育肥藏猪放牧饲养的目的是利用藏猪天生习性，充分利用放牧资源，达到减少饲养成本、生产高品质藏猪肉的必要手段。整个放牧过程中，要遵循国家环保政策，采用轮牧制度，在保护自然环境的前提下进行放牧养殖。

在每晚归牧补饲活动中，尽量因地制宜地达到营养均衡性，注意能量和蛋白质合理比例，在既定的育肥生产时间按期出栏，增强经济效益。

图 5-8　藏猪天敌（照片来自网络）

　　藏猪在粗放的放牧饲养管理条件下，形成了腿部肌肉发达，胴体瘦肉率高，皮薄肉细，肉质好，平均屠宰率达 67%，胴体瘦肉率 52%。具有肉质鲜嫩、高钙低脂、营养丰富、风味独特等特征，是在特有高原生态环境当中生产的健康特色肉食品。

模块6 藏猪饲料开发利用

任务6-1　猪的消化生理

【重点理论】

■ 一、猪的消化生理特点

● （一）相关概念 ●

食物在消化道内的分解过程就叫消化。食物经过消化后，通过消化道壁的黏膜进入血液循环的过程叫作吸收。消化和吸收是两个密切联系的过程。

饲料在消化道内有三种消化方式，即物理性消化、化学性消化和微生物消化。物理性消化即机械性消化，是指各段消化道通过收缩运动，包括咀嚼、吞咽和胃肠的运动将食物磨碎，分裂为小块，增加食物与消化液的接触面积，有利于进一步消化；化学性消化主要指消化液含有的消化酶对食物的消化作用。动物的消化液包括唾液、胃液、肠液、胰液和胆汁等，其中除胆汁外都含有消化酶；微生物消化是指消化道内的微生物参与的消化作用，对草食家畜特别重要。在藏猪的大肠内也存在微生物，并参与食物的消化过程。三种消化作用是互相联系、同时进行的。

● （二）消化器官的构造及其功能 ●

猪的消化道起始于口腔，向后依次为咽、食管、胃、小肠、大肠、终止于肛门（图6-1）。与其相连的各类消化腺合成分泌消化酶，经导管输送到消化道内，促使饲料中的蛋白质、脂肪和糖类发生水解作用。

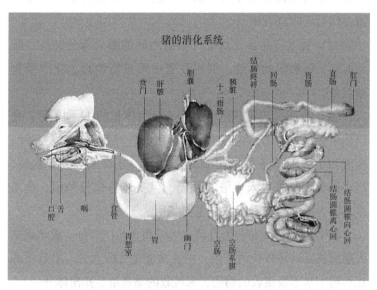

猪的消化系统

贲门　肝脏　胆囊　十二指肠　胰脏　结肠终袢　回肠　盲肠　直肠　肛门

口腔　舌　咽　食管　胃憩室　胃　幽门　空肠　空肠系膜　结肠圆锥离心回　结肠圆锥向心回

图6-1 猪的消化系统

消化道的结构：消化道管壁从内向外可分为四层，即黏膜层、黏膜下层、肌层及浆膜层。

黏膜层由上皮细胞构成，生有各种腺体。黏膜层表面常有黏液而保持湿润，主要起吸收和保护作用；黏膜下层为疏松结缔组织，其中有丰富的血管、淋巴管、弹性纤维、脂肪细胞和神经丛；肌层由植物性神经支配，相互配合、协调地收缩和舒张，引起消化道的运动，使食物与消化液充分混合以及沿着消化道向后移动；浆膜层是消化道的最外层，表面光滑，并分泌少量浆液，可以减少肠管运动时的摩擦，起保护和润滑作用。

（1）口腔。藏猪的口腔器官包括吻突、唇、腭、齿和唾液腺。食物在口腔内经咀嚼磨碎，混入唾液淀粉酶，形成食团，然后经咽部吞下。

（2）胃。胃是食管与十二指肠之间的膨大部分，位于腹腔前部，肝和膈的后部，饲料在胃中可进行物理、化学消化和贮备。

（3）小肠。成年藏猪小肠的长度为体长的 11~12 倍。是消化道中最重要的消化部位。食糜中的各种营养物质在胆汁、胰液和小肠液中各种消化酶的作用下，分解成小分子物质，经小肠绒毛吸收进入血液和淋巴，供身体各部分利用。小肠也是各种物质被充分吸收的主要场所。

（4）大肠。大肠分为盲肠、结肠和直肠三部分。成年藏猪大肠的长度约是体长的 3 倍，主要功能是吸收水分、电解质和在小肠中来不及吸收的物质，未吸收的物质最后排出体外。

二、消化道对营养物质的吸收

（一）吸收部位

饲料被消化后，食物中的水、无机盐和维生素等营养物质能被直接吸收；蛋白质、脂肪和碳水化合物则必须经消化酶消化，分解为简单的、能溶于水的小分子物质后，才能被吸收利用。小肠是动物机体所需的营养物质吸收的主要部位。胃内一般仅能吸收少量水分、葡萄糖和有机酸；大肠除吸收水分和盐类外，还能吸收发酵过程所产生的有机酸和其他养分。

● （二）吸收原理 ●

营养物质在胃肠道的吸收可分为被动运输和主动运输两种过程。被动运输是指通过滤过、扩散和渗透等物理作用而实现的，不需要消耗能量；主动运输是通过细胞本身耗能活动，将物质微粒由低浓度一侧转运至高浓度一侧的过程，主要靠上皮细胞的代谢活动。藏猪机体内绝大部分营养物质的吸收是靠主动运输完成的。

● （三）吸收的营养物质 ●

1. 蛋白质的吸收

蛋白质最终水解产物是氨基酸，还有部分小肽，绝大多数氨基酸主动运输吸收入血液，其中一些小肽可完整地被肠黏膜细胞吸收进入血液循环。

2. 糖类的吸收

糖类在胃肠道内降解为单糖和双糖，或经细菌作用形成低级脂肪酸。单糖和低级脂肪酸可直接吸收。单糖的吸收是主动转运过程。

3. 脂肪的吸收

脂肪在胆盐和脂肪酶的作用下水解成甘油和脂肪酸被

吸收。

4. 水、无机盐和维生素的吸收

大部分水在小肠和大肠被吸收，胃也能吸收少量的水。

无机盐类主要在小肠内吸收，钠和钾较易吸收，其次是镁和钙，最难吸收的是磷酸盐和硫酸盐。

一般认为，维生素 A 可通过主动转运进行吸收，维生素 D、维生素 E、维生素 K 随食糜中的脂类物质被动吸收。水溶性维生素除维生素 B_{12} 外，主要通过被动扩散在小肠前段吸收。

藏猪消化生理与其他猪种相同，具有消化系统相对发达，小肠与大肠相对其他猪种长一些，咀嚼、吞咽以及对粗纤维消化能力强。适应饲养管理条件较低的周围环境。

任务 6-2   藏猪饲料资源开发利用

【重点理论】

饲养标准是通过大量的试验研究和生产实践总结出来的满足动物生长发育、生产、繁殖所需的各种营养物质的数量，它是饲料配合的重要依据。用途主要是作为配合日粮、检查日粮以及对饲料厂产品的检验的依据。

目前，我国还没有藏猪饲养标准，但可以参照瘦肉型猪各阶段饲养标准，根据实际饲养效果加以调整（表6-1）。

表6-1　藏猪参考饲养标准

营养指标	单位	哺乳仔猪（日龄）（0~40）	断奶仔猪（日龄）（40~70）	生长前期（日龄）（70~150）	生长后期（日龄）（150~360）	妊娠母猪	哺乳母猪
消化能	Mcal/kg	3.3	3.3	3.2	3.2	2.9	3.0
粗蛋白	%	16	15	14	13	13	15
赖氨酸	%	0.95	0.8	0.7	0.6	0.5	0.7
钙	%	0.7	0.6	0.5	0.5	0.7	0.7
总磷	%	0.6	0.5	0.45	0.45	0.6	0.6
有效磷	%	0.32	0.23	0.19	0.19	0.32	0.32
食盐	%	0.3	0.3	0.3	0.3	0.3	0.3

一、藏猪营养需要

● （一）藏猪对饲料的要求 ●

　　藏猪是杂食性动物，生长发育较慢，具有多胎性，消化器官和消化代谢过程有其独自的特点，因而对饲料也有特殊要求，主要有以下几点：

　　1. 藏猪对富含粗纤维饲料消化能力强

　　藏猪的牙齿发达，能利用各种动植物和矿物质饲料，对饲料中粗纤维的消化靠大肠内的微生物分解，因此对含有粗纤维的饲料消化率较强。

　　2. 藏猪对饲料的营养浓度要求较低

　　藏猪种质特性能够适应艰苦环境条件，长期以来形成能采食多种多样、来源不同的饲料，在消化生理方面对各种营养物质间的互补能力强，所以对某种特定饲料的依赖性较弱，在饲养管理中需要多种地区性饲料搭配，就可以达到对不同藏猪群对营养浓度的要求。

3. 藏猪对饲料有一定的适口性要求

藏猪的嗅觉和味觉比牛、马灵敏，能辨别口味，特别喜食甜味。藏猪最喜欢采食块根块茎类饲料，如瓜果、薯类、萝卜等，喜欢吃甘蓝、白菜和青刈牧草类的柔软部分，对生料更好消化，所以对藏猪采用生料饲喂反而更有经济价值。

● (二) 藏猪需要的营养指标 ●

1. 能量

藏猪在生命活动中所需要的能量来自饲料中的碳水化合物、脂肪和蛋白质。每克碳水化合物可生产热能 17.36MJ，脂肪为 39.08MJ，蛋白质为 23.285MJ。这三种营养物质在藏猪体内"燃烧"（生物氧化过程），释放出热能用来维持生命和进行生产。能量来源主要是饲料中的碳水化合物，即禾本科籽实类青稞、小麦等。

2. 蛋白质

蛋白质是藏猪体组织、器官、肌肉、皮毛、血液的主要组成成分，而且还以激素和酶的形式广泛地参与机体的各种生理机能和代谢过程。氨基酸是组成蛋白质的基本单位。藏猪主要的必需氨基酸是赖氨酸、蛋氨酸、色氨酸。

一般饲料中的蛋白质消化率为 80%~85%。在日粮中缺乏蛋白质，会影响藏猪的健康、生长发育速度与繁殖性能，降低生产力与产品品质。

3. 矿物质

矿物质是体组织的重要成分。广泛地参与动物体内多种代谢活动，是多种酶的激活剂或组成成分。对于维持正常的组织细胞的渗透性和组织兴奋性，机体内的酸碱平衡具有重要作用。缺乏时，可引起特异的生理功能障碍和组织结构异常。

氯化钠即为食盐。这两种元素广泛存在与各种组织与乳汁中，对维持机体渗透压、酸碱平衡和水的代谢有重要作用。缺钠会使藏猪对养分的利用率下降，且影响藏母猪的繁殖；缺氯则导致藏猪生长受阻。

微量矿物质在藏猪体内的含量仅占体重的百万分之一以下，主要有铁、铜、锌、锰、碘、硒等。藏猪体内 65% 的铁存在于血液中，它与血液中氧的运输、细胞内的生物氧化过程关系密切，一旦缺铁就发生营养性贫血症。

铜元素在血红素与红细胞的形成过程中起催化作用。铜元素除了与造血有关外，还与骨髓发育、中枢神经系统的正常代谢有关，也是肌肉内各种酶的组成成分与活化剂。

缺锌使皮肤抵抗力下降，发生皮肤角化不全，结痂、脱毛，食欲减退，日增重下降，饲料利用率降低。母藏猪则产仔数减少，仔藏猪初生重下降，泌乳量减少等。

锰是几种重要生物催化剂的组成部分，与激素的关系十分密切。它对发情、排卵、胚胎、乳房及骨骼发育，泌乳及生长都有影响。缺锰导致骨骼变形，生长缓慢，性机能衰退等。

碘是合成甲状腺素的主要成分。妊娠母猪如果日粮中缺碘，所产仔猪颈大，无毛与少毛，皮肤粗厚并有黏液性水肿。经常是在出生后几天内陆续死亡，成活率较低。

硒与维生素 E 的作用相似，主要影响藏猪的繁殖性能。

4. 维生素

维生素是维持藏猪的正常生理机能和生命活动所必需的微量低分子有机化合物。主要以辅酶和催化剂的形式广泛参与体内代谢的各种化学反应，保证机体组织器官的细胞结构和功能的正常。

维生素 A 主要是保护黏膜上皮的健康，保持正常的生殖机能，促进生长发育，维持呼吸系统与视神经系统的健康。缺乏时仔藏猪生长停止，眼睑肿胀，皮毛干枯，易患肺炎；藏母猪不发情或发情微弱，容易流产，生产死胎或瞎眼仔猪；公猪性欲不强，精液品质不良等。

维生素 D 主要功能是降低肠道 pH 值，从而促进钙、磷的吸收，保证骨骼正常发育。饲料内钙、磷含量充足，比例也合适，但维生素 D 不足，会影响钙、磷的吸收利用。

维生素 E 保持藏猪的正常生殖机能，并有抗氧化的作用。缺乏时公猪射精量少，精子活力大大下降，严重时睾丸萎缩退化，不产生精子；母猪受胎率下降，受胎后胚胎发育易被吸收、中途流产或死胎；仔猪发生白肌病，严重时突然死亡。

维生素 K 与凝血作用有关。缺乏时凝血时间过长，血尿与呼吸异常，仔猪会发生全身性皮下出血。

维生素 B_1 缺乏时食欲减退，胃肠机能紊乱，心肌萎缩或坏死，发生神经炎症，产生疼痛、痉挛等；维生素 B_2 缺乏时藏猪表现食欲不振，生长停止，皮毛粗糙，有皮屑、溃疡及脂肪溢出的现象，眼角分泌物增多；母猪怀孕期缩短，胚胎早期死亡，泌乳力下降；公猪睾丸萎缩；维生素 B_3（泛酸）缺乏时表现为运动失调，四肢僵硬，鹅步，脱毛等；维生素 C 缺乏时藏猪表现抵抗力下降等。

5. 水分

水是重要的营养成分，机体对水的需要比对其他营养物质的需要更重要。它是体液的组成成分，是营养物质的溶剂和传输媒介。此外，水在体温调节、维持体液的离子平衡、排泄废物、润滑关节等方面起着重要作用。藏猪所需的水来自饮水、饲料水及体内代谢水，饮水是最重要的来源，一般为所需水量的 85%~95%。藏猪必须要提供给充足洁净的饮水。

二、藏猪饲料分类介绍

（一）藏猪饲料分类与营养特性

根据饲料命名及分类原则，饲料可以分为粗饲料、青饲料、青贮饲料、能量饲料、蛋白质饲料、矿物质饲料、维生素饲料和添加剂饲料。

1. 青饲料

包括天然水分含量为 60% 以上的青绿饲料类、树叶类、非淀粉质的块根、块茎、瓜果类。青饲料是常用的维生素补充饲料。含无机盐比较丰富，钙、磷、钾的比例适当。用青饲料喂藏猪时要注意在青饲料无污染的情况下，最好不要洗。因为鲜嫩的青饲料，洗得越净，水溶性维生素损失越多。青饲料因高温会使大部分维生素、蛋白质遭到破坏，加热后还会加速亚硝酸盐的形成，藏猪吃后易中毒。一般不宜煮熟饲喂。

2. 粗饲料

是指饲料干物质中粗纤维含量为18%以上的饲料。包括干草类、农副产品类及树叶类。藏猪常用的有青干草、豆秸、玉米秸、藤蔓、树叶等。这些饲料含粗纤维多，粗纤维中木质素含量又较高，难以消化，可以适量添加。

3. 青贮饲料

是指利用新鲜的天然植物性饲料用青贮方法调制成的饲料。青贮饲料能较好地保存营养物质，可以全部食用，减少浪费，带有酸香甜味，适口性好，藏猪爱吃。能够刺激消化液的分泌，增强胃肠蠕动，有利于消化吸收。

4. 蛋白质饲料

是指在饲料干物质中粗蛋白质含量在20%以上，粗纤维含量在18%以下的饲料。蛋白质饲料可以分为植物性蛋白质饲料和动物性蛋白质饲料两大类。藏猪饲料中主要的植物性蛋白饲料有种植或野生的各类豆科籽实、油料饼粕类；动物性蛋白指除了常规的鱼粉、肉骨粉、血粉外，还有各类昆虫、河虾、蛙类等。

（1）植物性蛋白质饲料。包括豆科籽实类和淀粉工业副产品等。

①大豆饼（粕）：大豆饼（粕）是所有饼粕类饲料中最为优越的饼粕，在藏猪配合饲料中得到广泛应用。大豆饼（粕）中的必需氨基酸含量比例较为合理，尤其是赖氨酸含量

在所有饼粕类饲料中最高，可达 2.5%，最高可达 2.8%。

②菜籽饼（粕）：菜籽饼（粕）是油菜籽经提取油脂后的产品。菜籽饼（粕）中的蛋白质含量中等，其中菜籽饼中含蛋白质 34.3%，菜籽粕中含蛋白质 38.6%。菜籽饼（粕）中的氨基酸组成特点是蛋氨酸含量较高，赖氨酸含量居中。但菜籽饼（粕）使用时最好脱毒使用。

（2）动物性蛋白质饲料。动物性蛋白质饲料包括鱼粉、肉粉、肉骨粉、血粉和屠宰场下脚料、乳制品等。

鱼粉的种类很多，因原料和加工条件的不同，各种营养物质的含量差异很大。优质的进口鱼粉一般由全鱼制作，蛋白质含量和有效能值都较高。国产鱼粉大部分由鱼下脚料加工而成，质量差异很大。

进口鱼粉的蛋白质含量一般在 55%~65%，高的可达 72%，国产优质鱼粉的蛋白质含量在 52%左右。鱼粉的蛋白质品质好，氨基酸组成合理，赖氨酸、蛋氨酸和色氨酸含量都很高，而精氨酸含量很低，因此在藏猪配合饲料中添加有利于补充限制性氨基酸。鱼粉中的钙、磷含量较高，比例较合适，磷的可利用率几乎接近 100%，并且含有丰富的维生素 A、维生素 D 族维生素，特别是它含有所有植物性饲料都不具有的维生素 B_{12}。另外，鱼粉中硒含量很高，可达 2mg/kg 以上，是藏猪配合饲料中很好的硒源。

选用鱼粉要严格控制质量，不仅要化验鱼粉的蛋白质含量，更重要的是要化验氨基酸含量，应从各种氨基酸的组成比例上鉴别鱼粉是否掺假，同时还应考虑盐分含量，避免食盐中毒。

5. 能量饲料

是指在干物质中粗纤维含量低于 18%，同时粗蛋白质含量低于 20% 的谷实类、糠麸类、草籽树实类、淀粉质的块根、块茎、瓜菜类。油脂及食糖等也属于能量饲料。

（1）谷实类饲料。谷实类饲料包括玉米、大麦、小麦、燕麦等，其主要特点是淀粉含量高，粗纤维含量少。谷实类饲料在藏猪配合饲料中所占的比例很高，一般为 50%～70%。谷实类饲料含蛋白质较少，在 8%～11%，但由于在藏猪配合饲料中所占的比例高，它们所提供的蛋白质在配合饲料蛋白质中也占很重要的位置。谷实类饲料蛋白质的共同特点是其中的氨基酸比例不平衡，赖氨酸、蛋氨酸和色氨酸等重要限制性氨基酸的含量低，而精氨酸含量高。

①玉米：玉米是"饲料之王"，在我国的种植面积和总产量仅次于稻谷和小麦。玉米的主要特点是在所有谷物性饲料中的消化能或代谢能值最高，消化能（藏猪）为 3.41 Mcal/kg。玉米中粗纤维仅为 2%。玉米中粗脂肪含量在 3.5%～4.5%，是大麦和小麦的 2 倍以上。玉米中的粗蛋白质含量为 8.6%，但氨基酸含量不平衡，必须用其他蛋白质饲料或氨基酸搭配补充。

玉米容易发生霉变、腐败，特别是容易感染黄曲霉菌，产生黄曲霉毒素。

②大麦：大麦有两种，一种是皮大麦；另一种是裸大麦。青稞是大麦的一个变种。

皮大麦含粗纤维较高，达 2% 左右，因此消化能较低，为 3.02Mcal/kg，但皮大麦的适口性很好，它所含的粗纤维又可促进藏猪胃肠道的蠕动，促进消化机能。

裸大麦包括元麦和青稞。由于它不带皮，粗纤维含量较皮大麦低，仅为 1.5%，消化能为 3.24Mcal/kg，高于皮大麦。裸大麦中的粗蛋白质含量高达 11.4% 左右，赖氨酸、苏氨酸含量亦较高，分别达到 0.48% 左右，比皮大麦和玉米都高。

大麦在我国分布很广，主要分布在长江流域，此外在甘肃、陕西和内蒙古也有种植。

③小麦：小麦在我国的种植面积和产量仅次于稻谷，居第二位。小麦的消化能为 3.39Mcal/kg，仅次于玉米和高粱，是一种很好的能量饲料。小麦中的粗蛋白质含量高，达 12.4%，高于大麦，是玉米的 1.4 倍。小麦蛋白质中各种限制性必需氨基酸含量也都较玉米高，但苏氨酸的含量明显偏低。

（2）糠麸类饲料。糠麸类饲料主要是小麦麸（麸皮）和大米糠。麸皮杂有小麦粉的副产品统称为次粉。

糠麸类饲料蛋白质含量为 15% 左右，比谷实类饲料高 5%；B 族维生素含量丰富，尤其含硫胺素、烟酸、胆碱和吡哆醇较多，维生素 E 含量也较多；物理结构疏松，含有适量的粗纤维和硫酸盐类，有轻泻作用；可作为载体、稀释剂和吸附剂。

（3）薯类。薯类在我国的种植面积很广，是农村养藏猪业中的一种主要农家饲料，在我国主要有甘薯和木薯两种。

甘薯俗称洋芋、红薯、地瓜等。甘薯粉干物质中绝大部分是淀粉，主要在配合饲料中作为能量饲料使用。甘薯粉中含粗蛋白质为 4.0% 左右，甘薯粉的消化能为 2.82Mcal/kg。

木薯又称树薯，主要种植在土地贫瘠地区。木薯粉含蛋白质很少，仅为 2.5% 左右，木薯粉中粗纤维含量为 2.5% 左右，消化能为 3.13Mcal/kg。

木薯可分苦味种和甜味种两种，苦味种木薯中氢氰酸含量较高。木薯喂藏猪可引起腹泻，因此，在配制藏猪饲料时应限量使用。

6. 矿物质饲料

包括工业合成的、天然的或单一的矿物质饲料、多种混合的矿物质饲料及配合有载体的微量、常量元素饲料。几种常见的矿物质饲料有沸石、麦饭石、膨润土、海泡石、滑石、方解石等。

7. 添加剂

不包括矿物质饲料、维生素饲料，添加在配合饲料中，能提高饲料质量，改善饲料性能，提高动物生产效益，且用量少，对人和动物不产生危害的物质。

【技术要点】

三、藏猪饲料开发与选择

藏猪在原产地长期低温、温差大、依靠天然植被放牧的恶劣自然环境中长期生存，进化出了独特的生物学特性。造就了藏猪野性强，嗅觉、味觉、视觉、听觉灵敏，觅食能力强，对纤维性饲料的消化率高，营养物质的吸收能力强，脂肪沉积能力强，腿部肌肉发达，胴体瘦肉率高等种质特性。对于放牧藏猪群，以采食野生饲草的茎叶和籽实为主，寒冬季节补饲少量荞花、青稞、蚕豆、豌豆、马铃薯、玉米等单一粮食和农副产品即可满足需要。针对藏猪嗅觉和味觉灵敏、对纤维性饲料消化率高的生物学特性，以及生长缓慢、繁殖性能低、饲料报酬低的生长繁殖特点，应选择当地产量大，没有不良气味、适口性好、易消化，能够长期保存的不易变质原料为佳。如，玉米、小麦、青稞、豌豆、蚕豆、麦麸等。

对于规模化饲养藏猪，如果以青粗饲草为主，补饲少量单一粮食或混合饲料，不仅工作量大而且会造成营养不平衡。因此，饲喂各阶段配合饲料，辅以青绿饲草，是养殖技术关键，这既可以遵循藏猪天性，又可以满足规模化养猪对出栏量的需求。

针对藏猪的生理特点，各阶段饲料应该具有偏重点。对于断奶仔猪，应该考虑消化率高、防腹泻、抗应激、能量高、诱食性强的饲料，要求原料新鲜、无霉变、无异味、纤维和灰分低，可使用酸化剂、消化酶、益生素、葡萄糖、诱食剂；对于生长猪饲料，考虑原料新鲜、无霉变、无异味，消化率高，能蛋比合理。对于母猪料，考虑原料新鲜、无霉变、无异味，可以使用优质麦麸。

四、藏猪饲料配方

（一）藏猪饲料配制原则

注意营养全面性，使日粮中的蛋白质、能量、矿物质和维生素达到阶段性饲养标准的要求。注意采食量与饲料体积大小的关系，体积过大，由于胃肠容积有限，容易造成"饱感"营养物质得不到满足；反之，如饲料体积过小，按标准饲喂达不到饱腹感，会使藏猪增加采食量而造成饲料的浪费。注意适口性，饲料适口性好，可刺激食欲，增加采食量；反之则降低采食量，影响生产性能。饲料费用在整个藏猪养殖费用中所占的比例约为60%。所以在配制饲料时，既要考虑满足营养需要，又要考虑成本。可根据当地情况，选择来源广泛、价格低廉、营养丰富的饲料，降低饲养成本。

● （二）配合饲料分类 ●

1. 按营养成分和用途分类

预混料：预混料是用一种或多种微量添加剂原料，或加入常量矿物质饲料，与载体及稀释剂一起配制而成的。可生产浓缩料和配合饲料。预混料用量一般为0.25%~6%。

浓缩饲料：浓缩饲料又称蛋白质补充料，是由蛋白质饲料、常量矿物质饲料及添加剂预混料，按一定比例配制而成的。它不能直接饲喂，必须再掺入一定比例的能量饲料，才可以饲喂猪群。

全价配合饲料：根据不同生长阶段、不同生产状态下猪的饲养标准，将预混料、常量矿物质饲料、蛋白质饲料、能量饲料，按一定比例配制而成的营养齐全的饲料。它能满足各方面营养需要，可直接饲喂，无须再添加其他饲料，饲喂期间，只需要饮水即可。

2. 按饲料物理形态分类

根据制成的最终产品的物理形态分成粉料、颗粒料、膨化料、液体饲料等。

液体饲料是利用粮食加工、制糖加工、食品发酵、肉类加工以及其他农产品加工过程中所产生的副产品，根据动物营养需要辅以其他配料加工而成的一种均匀分散的液态动物饲料。

3. 按饲喂对象分类

将饲料分为乳猪开口料、断乳仔猪料、生长猪料、肥育猪料、妊娠母猪料、泌乳母猪料、公猪料等。

随着藏猪养殖规模化程度及科技含量的提高，应该首先选用全价饲料。

（三）藏猪饲料原料

各类饲料原料在配方中的比例如下。

1. 糠麸类饲料

糠麸类饲料有米糠、麦糠、红薯藤糠、荞花等。猪用量为饲料总量的 15%～20%，最多不超过 30%。

2. 饼粕类饲料

饼粕类饲料主要包括菜籽饼、豆饼、花生饼、棉籽饼等。配合比例为饲料总量的 15%～30%。豆饼、花生饼可配到 25%以上，菜籽饼、棉籽饼要低于 15%。菜籽饼和棉籽饼作饲料要先脱毒，仔猪饲料不宜加饼粕类。

3. 糟渣类饲料

糟渣类饲料包括酒糟、醋糟、粉渣、豆渣等。猪用量为饲料总量的 5%～10%。妊娠母猪、育肥猪后期不宜喂酒糟。

4. 籽实类饲料

包括玉米、小麦、青稞、蚕豆、豌豆等。藏猪用量为饲料总量的 50%，最多不超过 65%。

5. 动物性饲料

动物性饲料包括鱼粉、骨粉、血粉等。用量为总量的 4%～8%。用这类饲料时要注意配好钙、磷比例。

6. 矿物质饲料

矿物质饲料包括贝壳粉、蛋壳粉、碳酸钙、磷酸钙和食盐等。猪用量为饲料总量的1%~2%，食盐用量不超过0.4%，若添加微量元素，应严格按规定使用。

● （四）藏猪各阶段饲料配方示例 ●

1. 藏猪种公猪配方（表6-2，表6-3）

表6-2 种公猪每日每头营养需要量及每千克饲料营养含量

指标 项目	采食风干料 （kg）	消化能 （MJ）	粗蛋白 （g）	赖氨酸 （g）	蛋+胱氨酸 （g）	钙 （g）	磷 （g）	食盐 （g）
种公猪	1.4	18.0	196	5.4	2.9	9.5	7.6	5.0

表6-3 配方示例

配方类型		非配种期		配种期	
饲料各原料配比（%）	玉米	23	20	50	48.5
	青稞	20	23	15	13
	小麦	3.7	17.1	10	5
	麸皮	11.8	11.8	5	5
	酒糟	13.4	—	—	—
	豆饼	11.1	6	10	10
	菜籽饼	5	10.1	5	5
	鱼粉	—	3	3	5
	肉骨粉	4	—	—	4
	骨粉	1	1	1	0.7
	青饲料	6	7	—	3
	食盐	0.4	0.4	0.4	0.3
	添加剂	0.6	0.6	0.6	0.5

（续表）

配方类型	非配种期		配种期	
消化能（MJ/kg）	11.20	12.58	13.51	13.31
粗蛋白（%）	16.54	17.04	15.67	18.21
粗纤维（%）	6.29	5.44	2.91	3.54
钙（%）	0.64	0.57	0.52	0.75
磷（%）	0.63	0.62	0.54	0.63
赖氨酸（%）	0.67	0.67	0.69	0.81
蛋氨酸（%）	0.21	0.26	0.25	0.28
胱氨酸（%）	0.18	0.26	0.22	0.21

（注：左侧竖排标注"营养成分"）

2. 藏母猪配方（表6-4，表6-5）

表6-4　不同生理阶段藏母猪每日每头营养需要量及每千克饲料营养含量

指标 项目	采食风干料（kg）	消化能（MJ）	粗蛋白（g）	赖氨酸（g）	蛋+胱氨酸（g）	钙（g）	磷（g）	食盐（g）
妊娠前期	1.50	17.60	165	5.30	2.90	9.20	7.40	4.80
妊娠后期	2.00	23.43	240	7.20	3.80	12.2	9.80	6.40
哺乳母猪	4.80	58.28	672	24	14.9	30.7	21.6	21.1
空怀母猪	1.80	22.22	252	9.5	6.3	10.8	9.0	7.2

表 6-5　配方示例

配方类型		妊娠前期		妊娠后期		哺乳期		空怀期	
饲料各原料配比（%）	玉米	35	43	48	55	30	9	15	—
	青稞	8	—	15	15	25	35	25	50
	小麦	17	17	5	—	2	15	6	15
	麸皮	15	15	10	9	11	15	38	13
	酒糟	—	—	—	—	1	—	—	10
	豆饼	—	—	5	5	5	8	—	—
	菜籽饼	15	15	5	5	18	10	10	5
	鱼粉	5	5	2	2	2	—	—	—
	肉骨粉	1	1	5	2	1	1	—	—
	骨粉	1	1	2	2	1	1	2	1.2
	青饲料	2	2	2	1	3	5	3	5
	食盐	0.5	0.5	0.5	0.5	0.5	0.5	0.5	0.3
	添加剂	0.5	0.5	0.5	0.5	0.5	0.5	0.5	0.5
营养成分	消化能（MJ/kg）	12.75	12.77	13.13	13.16	12.64	12.67	11.95	11.67
	粗蛋白（%）	17.36	17.13	15.80	15.43	18.01	17.10	14.2	12.65
	粗纤维（%）	4.72	4.76	3.57	3.24	5.1	5.23	6.44	5.42
	钙（%）	0.70	0.69	1.05	1.01	0.57	0.49	0.74	0.46
	磷（%）	0.69	0.68	0.82	0.78	0.64	0.64	0.89	0.6
	赖氨酸（%）	0.66	0.64	0.62	0.68	0.70	0.65	0.51	0.43
	蛋氨酸（%）	0.31	0.31	0.23	0.26	0.28	0.23	0.20	0.17
	胱氨酸（%）	0.30	0.29	0.21	0.22	0.29	0.26	0.29	0.20

3. 保育藏猪、育肥藏猪配方（表6-6，表6-7）

表 6-6　保育藏猪和育肥藏猪每日每头营养需要量及每千克饲料营养含量

指标 项目	采食 风干料 (kg)	消化能 (MJ)	粗蛋白 (g)	赖氨酸 (g)	蛋+ 胱氨酸 (g)	钙 (g)	磷 (g)	食盐 (g)
保育期	0.46	15.14	100	4.6	2.7	3.8	2.9	1.2
育肥期	2.20	28.53	308	12.3	8.1	11.0	9.1	6.6

表 6-7　配方示例

配方类型		保育期		育肥期	
饲料各原料配比(%)	玉米	28	20	15	23
	青稞	30	40	20	30
	小麦	8	12	13.6	5
	麸皮	5	5	10	5
	酒糟	—	—	10	10.7
	豆饼	8	8	10	9
	菜籽饼	5	5	5	11
	鱼粉	10	7	—	—
	肉骨粉	3	2	—	—
	骨粉	1.2	1		0.5
	青饲料	1	—	15	5
	食盐	0.3	0.3	0.4	0.3
	添加剂	0.5	0.5	1	0.5

（续表）

配方类型		保育期		育肥期	
营养成分	消化能（MJ/kg）	13.23	13.51	11.05	11.78
	粗蛋白（%）	19.89	18.64	15.28	15.87
	粗纤维（%）	2.82	2.63	8.01	5.69
	钙（%）	1.07	0.82	0.15	0.27
	磷（%）	0.8	0.72	0.35	0.43
	赖氨酸（%）	0.97	0.88	0.56	0.61
	蛋氨酸（%）	0.34	0.30	0.18	0.21
	胱氨酸（%）	0.24	0.23	0.18	0.22

中　篇
藏猪疫病防控技术

模块7 **藏猪临床兽医基础知识**

【技术要点】

一、藏猪捕获与保定

保定是藏猪治疗必须实行的方法和手段，特别是在静脉输液、外科处理等需要较长时间处理时显得更为关键。保定有两个基本目的：一是通过安全有效的保定，才能进行猪病的检查、打针、用药或灌服；二是保障了人畜的安全。

由于藏猪野性大，普通方法无法保定。从藏母猪舍捕捉哺乳仔猪时，应预先用木板将母猪和仔猪隔离，防止母猪攻击。或者用长把网兜，在安全距离内进行捕获仔猪（图7-1）；成年猪捕获需要隔离，进而减少空间，实施保定。对于放牧藏猪，必要时需要远距离麻醉捕获。

舍饲藏猪对饲养人员熟悉，有的允许兽医人员进入藏猪舍，但进入时必须保持安静，避免对藏猪产生刺激。小心地从藏猪后方或后侧方接近，用手轻瘙痒藏猪背部、腹部、腹侧或耳根，使其安静，接受诊疗。现将保定藏猪的几种简易方法介绍如下：

图 7-1 捕获藏猪哺乳仔猪

● （一） 前后肢交叉保定法 ●

用 0.5cm 的细绳，将藏猪的任何一个前肢与对侧的另一后肢拉紧绑在一起，这样保定也非常方便、牢靠，无须再按压保定。

● （二） 吊床保定 ●

将藏猪捕获，放在由结实尼龙绳编制的网床上，四肢穿过绳孔，悬空放置，背部用宽面绳再次双道捆绑保定。此法较为方便，效果佳，一般用于耳静脉注射和临床检查。

● （三） 横卧保定 ●

一人抓住藏猪的后腿，另一人握住藏猪耳尖，两人同时向一侧用力将藏猪扳倒，一人按压藏猪头颈部，另一人用绳拴住四肢加以固定。横卧保定适用于成年藏猪的一般手术。

● （四）提举保定 ●

两手抓住藏猪的两耳，向上提举，腹部向前，两腿夹住背腰部使其固定。此法用于藏仔猪的肌肉注射及灌药等。两手握住藏猪两后肢飞节，向上提举，使其腹部向前方，呈悬倒立，用两条腿将背部夹住。

二、藏猪临床诊断技术

● （一）临床检查的基本方法 ●

1. 问诊

主要向饲养员（畜主）询问发病的情况，如藏猪在以前有无病史及病藏猪的发病时间、地点、数量、病后表现，由此推断发病的急缓，了解疾病的流行病学。了解疾病的一些在短时间内看不到的临床症状（下痢、食欲情况等）发病的过程和治疗情况，了解对藏猪的饲养管理情况及圈舍卫生环境，并在治疗过程中询问病势的转归情况。询问疫情，是否有类似的疫病发生，其经过及结果如何。本地区及附近猪场发生过什么病，有何疫情。免疫接种情况、免疫接种的种类、疫苗的来源等。

2. 视诊

观察病猪的被毛皮肤状态、可视黏膜状态、异常动作状态、某些生理活动状态、分泌物及排泄物的物理性状。

3. 触诊

对藏猪的浅表淋巴结、肌肉、骨骼、关节、心脏的搏动等器官或组织，进行触压感知，以判断其病理变化。

4. 听诊

通过听诊器对肺脏、心脏及肠道进行听诊，获取肺脏是否有杂音、心脏的心音及节律是否有变化及肠音的变化，来判断其病理变化。

5. 嗅诊

嗅闻排泄物、分泌物、呼出气体及口腔气味从而进行进一步的鉴别诊断。

6. 叩诊

通过对叩诊部位（肺部叩诊区、胃肠道等部位）的敲打，并根据所产生的声音性质来判断其病理变化。

● （二）一般检查 ●

一般检查是对病猪进行临床检查的初步阶段。通过检查可以了解全身基本状况，并可发现疾病的某些重要症状，为系统检查提供依据。

1. 全身状态的观察

（1）精神状态。主要通过观察藏猪的神态、行为、面部表情和眼睛、耳朵、尾巴的活动状况判断精神兴奋或抑制。

（2）营养。主要通过观察藏猪的肌肉、被毛及骨骼是否露出体表及皮肤的松弛程度，判断营养状况。

（3）异常姿势。木马样姿势表现为头颈平伸、肢体僵硬尾根提举；站立不稳，躯体歪斜，依柱靠墙壁而站立；异常躺卧，病猪躺卧不能站立；后躯瘫痪，后肢不能站立，呈犬坐姿势。

（4）步态异常。病藏猪表现为步态不稳、运步不协调、跛行。

2. 被毛和皮肤的检查

健康藏猪的鼻镜、鼻盘湿润，并且有少量的水珠，触摸时有凉感。鼻镜、鼻盘干燥时多见于发热性疾病。健康藏猪被毛光滑、有光泽，当被毛粗乱、失去光泽、容易脱落见于营养不良、慢性消耗性疾病。局部脱落时见于湿疹、疥螨等皮肤病。皮肤的检查：主要检查皮肤的颜色和皮肤上是否有出血点、出血斑（猪瘟）及充血性疹块（藏猪丹毒）；体温检查：用手背触诊耳根或鼻端感知体温是否升高；可视黏膜的检查：包括眼结膜、鼻黏膜、口腔黏膜等，临床检查时主要检查眼结膜，观察其色泽变化、有无肿胀和分泌物。结膜潮红是结膜毛细血管充血的一种表征，分为弥漫性充血，见于急性热性传染病、结膜发炎等；树枝状充血，见于肺气肿、心脏衰弱等；结膜苍白主要见于贫血和慢性消耗性疾病、大出血等疾病。结膜黄染由血液中的胆红素浓度升高导致，主要见于胆汁排泄障碍性疾病，肝和十二指肠疾病等；结膜发绀呈蓝紫色，主要是由于动物机体内缺氧的表现，是血液中的还原血红蛋白增多的结果。主要见于亚硝酸盐中毒、体循环障碍的疾病、肺水肿等疾病。

3. 体温和呼吸的测定

（1）体温的测定。用体温计测定直肠温度。藏猪正常的温度是 38.0~39.5℃，体温升高 1℃ 之内为微热，1~2℃ 中热，2~3℃ 为高热，3℃ 以上为极高热。测量温度时首先将温度计的水银柱甩到 35℃ 以下，用酒精棉球擦拭消毒，然后温度计缓缓从肛门插入，等 3~5min 取出温度计读数。

（2）呼吸次数的测定。观察藏猪的胸腹部的起伏动作，一起一伏为一次呼吸，寒冷的季节可以观察呼出的气流来测定。藏猪正常的呼吸频率是每分钟 10~20 次。

三、藏猪治疗技术

（一）口服给药

1. 拌料混喂

预算好药物的剂量，在饲料中拌匀或溶解于饮水中，给藏猪饲喂，进行疾病的治疗或疫病的预防。

2. 片、丸剂投药法

打开藏猪的口腔，用镊子夹取药片、药丸或竹片刮去粉剂从嘴角投入舌背侧。

（二）注射用药

1. 肌肉注射

肌肉内毛细血管分布广泛，药物吸收快，故临床上多用。注射部位：颈部、臀部。方法：局部消毒处理，一手持注射器，与皮肤呈垂直的角度，迅速刺入肌肉，一般深度 2~3cm 并推动活塞手柄，注入药物，注射完毕，拔出针头，局部进行消毒处理。

2. 静脉注射

用于药量大、刺激性强的药物，注射部位一般选择耳静脉。方法：耳静脉局部消毒处理，一手捏住耳根部静脉，使静脉充盈、怒张，另外一只手将针头斜刺入静脉，有回血时，将药物缓缓注入，注射完毕，用酒精棉球压住针头，拔出针头；前腔静脉注射，注射部位：第一肋骨与胸骨柄的结合处的前方右侧进针。针头刺入方向呈近似垂直，刺入深度根据藏猪的大小而定，一般为 2~6cm，选用 7~9 号针头较为适宜。

3. 气管注射

适用于肺部驱虫及气管与肺部的疾病的治疗。注射部位：颈部上部，气管腹侧正中，两个气管软骨环之间。方法：藏猪仰卧或侧卧保定，前躯略高，局部剪毛消毒，将针头插入注射部位，但遇到咳嗽时，则需暂停。注射完毕，拔出针头，局部消毒处理。

藏猪常见传染病

任务8-1 传染病基础知识

【重点理论】

一、传染病的特性

● （一）传染病及其特性 ●

1. 概念

感染：病原微生物侵入动物机体，并在一定的部位定居、生长、繁殖，引起机体一系列病理反应的过程。

传染病：由病原微生物引起，有一定的潜伏期和临床表现，并具有传染性的疾病。

2. 传染病的特性

传染病具有一些共同症状，可以区别其他非传染病。其特征为：

（1）传染病是在一定的条件下由病原微生物与机体相互作用引起的。

（2）传染病具有传染性和流行性。

（3）在传染病发展过程中由于受到病原微生物的抗原刺激作用，机体发生免疫生物学的改变，产生特异性抗体和变态反应等。

（4）耐过动物获得特异性免疫，使机体在一定时期或终生不再患有该病。

（5）传染病具有一定的潜伏期和特征性的临床症状。

● （二）传染病发展阶段 ●

传染病病程发展过程可分为潜伏期、前驱期、发病期、转归期四个阶段。

潜伏期：病原微生物开始侵入机体并进行繁殖，直到疾病临床症状出现为止的阶段。

前驱期：机体临床症状开始表现出来。但该病的特征性的症状仍然不明显的阶段。

发病期：该病的特征性症状明显地表现出来，是疾病发展高峰期的阶段。

转归期：疾病发展到最后，表现为痊愈或者死亡两种情况的阶段。

二、传染和流行过程

● （一）传染病的流行过程的基本环节 ●

1. 传染源

指某种传染病的病原微生物在其中寄居、生长、繁殖，并能排出体外的机体。主要包括患病猪和病原携带猪，处于前驱期和发病期的病猪是主要的传染源。病原携带者外表无症状但携带并排出病原微生物。

2. 传播途径

病原微生物由传染源排出，经一定方式再侵入其他易感动物所经途径。

（1）水平传播。指传染病在同一世代动物之间进行的横向传播。

①直接传播：由于病猪和健康猪直接接触而引起的传播方式。如交配、互相舔咬。

②间接传播：在传播媒介的参与下使易感动物发生传染的方式。主要有以下几种方式：污染的饲料、饮水、生物媒介、土壤、空气等。

（2）垂直传播。从广义上讲属于间接接触传播，是母体与子代的传播。垂直传播包括：经胎盘传播，如猪瘟、猪细小病毒感染、伪狂犬病、布鲁氏菌病等；经产道传播，主要传播的病原体有大肠杆菌、沙门氏菌、链球菌等。

● （二）群体易感性 ●

指畜群对某种传染病容易感染的特性。主要影响因素有：猪群体内在因素：如品种、品系、年龄等。猪群体外界因素：饲养管理、检疫等及特异性免疫状态。

● （三）流行过程 ●

在传染病的流行过程中，根据一定时间内发病率的高低和传染范围大小可将猪群中的疾病表现分为散发性、地方流行性、流行性、暴发四种。

散发性：发病数量少，疾病发生无规律性，随机发生，病畜之间发生时间上无明显的关系时称为散发。

地方流行性：在一定地区的畜群中，带有局限性的传播特征，并且是比较小规模流行的传染病，称为地方流行性。

流行性：传染病传播范围广，发病率高，出现控制困难的局面。

暴发：在某个养殖场或一定地区范围之内，在短时间内突然出现很多同一种传染病例。

● （四）传染病防制 ●

贯彻以"生物安全、预防为主"的方针，各养殖场注重生物安全建设，健全防疫制度并有效执行。采取防疫措施的时候，根据每个传染病对每个流行环节的情况，找出重点采取的措施。如发现疫情及时确诊、隔离病畜，加强圈舍及场地的消毒，并且通知邻近单位做好预防工作。在疫区进行紧急免疫接种。对传染期间死亡的尸体做无害化处理。

1. 消毒

消毒是贯彻"预防为主"方针的一项重要措施。消毒主要就是采用各种方法杀死外界环境中的病原微生物，切断传播途径，是控制传染病流行重要的措施。

（1）消毒分类。

①预防性消毒：在日常饲养管理过程中对圈舍、场地、用具和饮水等进行定期消毒。

②随时消毒：在发生传染病时，为了及时消灭从病畜体内可能排出的病原体而采取消毒措施。

③终末消毒：在病畜解除隔离、痊愈或死亡后或疫区解

除封锁之前，为了消灭疫区内可能残留的病原体而进行的彻底的全面消毒措施。

（2）消毒方法。

①清除：用机械的方法进行圈舍清洗、通风等，是最普通、常用清除病原体的方法。

②物理消毒法：利用阳光、紫外线灯、火焰、煮沸等进行干燥、照射、烧灼等方法进行消毒。

③化学消毒法：利用化学药品溶液来进行消毒的方法。化学消毒效果决定于病原微生物抵抗力的特点、环境、浓度、作用时间等因素。

2. 杀鼠灭虫

老鼠和有些昆虫是传染病的传播媒介，也是很多人畜共患病的传播媒介和传染源，因此，杀鼠、灭虫具有重大意义。

3. 免疫接种

免疫接种是启发动物机体产生特异性抵抗力，使易感动物转化为不易感动物的一种手段，有计划进行免疫接种是预防传染病的重要措施之一。

（1）预防接种。为了防止健康动物发生疫病，在平时给健康动物进行免疫接种称为预防接种。预防接种时先要调查本地流行什么疫病，主要在那个季节流行，曾经发生什么疫病。根据这些因素，制订出科学的预防接种计划。

（2）免疫程序。养殖场需要根据各种疫苗的免疫特性来制定合理的预防接种次数和时间间隔，称为免疫程序。

（3）紧急免疫接种。在发生传染病时，为了迅速扑灭和控制疫病的流行，而对疫区和受威胁区没有发病的队伍进行免疫接种措施。

任务 8-2 藏猪常见病毒性传染病

【重点理论】

一、非洲猪瘟（ASF）

非洲猪瘟（英文名称：African Swine fever，简称：ASF）是由非洲猪瘟病毒（英文名称：African Swine fever virus，简称：ASFV）感染家猪和各种野猪引起一种急性、出血性、烈性传染病。世界动物卫生组织（OIE）将其列为法定报告动物疫病，该病也是我国重点防范的一类动物疫情。该病于1921年肯尼亚首次报道发生，于20世纪60年代传入欧洲，70年代传入南美洲，2007年传入高加索地区和俄罗斯。2017年以来，俄罗斯远东地区发生数起非洲猪瘟疫情。2018年我国沈阳市沈北新区发现国内首例病毒。目前非洲猪瘟已在30多个国家发生流行，截至2019年10月，已经在我国大部分地区发生该病，已查明疫源的有68例。

病原：非洲猪瘟病毒是虹彩病毒科非洲猪瘟病毒属的一种二十面体 DNA 病毒。该病毒的结构很复杂，有5层（外膜、衣壳、双层内膜、核心壳层和基因组）结构特征，病毒颗粒包含3万余个蛋白亚基，组装成直径约为 260nm 的球形颗粒，是目前解析近原子分辨率结构的最大病毒颗粒。主要感染猪的单核细胞和巨噬细胞，也能在内皮细胞、肝细胞、肾小管上皮细胞和中性粒细胞中增殖。

流行特征：猪是该病唯一自然感染的家畜。该病主要经消化道感染，即猪采食了污染的饲料和饮水或接触到被污染的用具等而感染；另外，呼吸道也有可能成为该病感染的另一条途径。该病在各国家之间的传播，主要与来自国际机场和港口的未经煮熟的感染猪肉的制品有关；在无病地区的暴发与病猪及其制品传入或野猪的侵入有关。

临床症状：非洲猪瘟的潜伏期差异很大，短者仅 4~6d 发病，长者可达 15~19d。其临床表现与猪瘟很相似，有急性、亚急性和慢性之分。急性病例主要发生于感染的初期或新发生该病的地区，即新疫区，以高热达 40~41℃，精神高度沉郁，食欲废绝，白细胞减少，皮肤出血和死亡率极高为特点。亚急性和慢性病例多见于流行地区的猪，多呈散发性出现，病猪有呼吸困难、流鼻液、咳嗽等呼吸道症状；皮肤淤血，有陈旧性的出血灶及结痂；部分病猪喜卧地，运动困难，并排出混有血液的稀便。慢性病例的皮肤除上述变化外还常见有风疹样结节，但死亡率较低。怀孕母猪可发生流产。

病理变化：病毒侵入机体后，首先在扁桃体中增殖，感染后48h病毒即进入血液，引起病毒血症，然后在血管内皮细胞或巨噬细胞系统中复制。从而使组织、器官发生出血、浆液渗出、血栓形成以至梗死等病变。淋巴细胞往往大量破坏或明显坏死，故发热第4天，外周血液中的白细胞总数可下降至正常的40%~50%，其中淋巴细胞明显减少，这是非洲猪瘟的特征性表现。

剖检时，急性病例的特征性病理变化是全身各脏器有严重的出血，特别是淋巴结出血最为明显。结膜充血、发绀，并有少数小出血点。耳、鼻盘、四肢末端、会阴、胸腹侧及腋窝的皮肤出现紫斑。皮肤见小出血点，出血点中央暗红，边缘色淡，尤以腿腹部更为明显。皮下组织血管充血，肩前、腹股沟浅淋巴结中度肿大，轻度出血。脾脏淤血、出血，极度肿大，呈黑褐色；心肌柔软，心内、外膜下散在小出血点，有时见广泛出血。心肌常见充血、出血似桑葚色状。肾脂肪囊及肾表面有点状出血，严重时肾脏表面布满出血斑点，犹如猪瘟时的雀蛋肾。膀胱有时见黏膜呈弥漫性潮红及数量不等的小出血点。肺脏充血、出血、膨胀、水肿；肝脏肿大、淤血，表面常见大量出血点，实质变性。

慢性病例极度消瘦，较明显的主要病变是浆液性纤维素性心外膜炎。心包膜增厚，与心外膜及邻近肺脏粘连。心包腔内积有污灰色液体，其中混有纤维素团块。胸腔有大量黄褐色液体。肺呈支气管肺炎，病灶常限于尖叶及心叶。

诊断：由于非洲猪瘟的临床症状与病理变化与猪瘟有诸多相似之处，故对其诊断主要依靠实验室。目前最常用、最方便和最可靠的诊断方法是：直接免疫荧光试验、血细胞吸附试验和猪接种实验。

治疗：非洲猪瘟目前尚无有效的治疗药物，只能采取对症治疗。

防制：预防措施是防止该病传播的关键。例如，不得从有该病发生的国家和地区引进种猪；猪场事先建立诊断该病的方法，并在临床实践中注意该病的新动向，以便及时发现。

藏猪种质特性接近野猪，在该病的预防上要特别注重生物安全。

预防接种：非洲猪瘟目前没有有效的疫苗。

二、口蹄疫

口蹄疫（FMD）是由口蹄疫病毒引起偶蹄兽的一种急性、热性和高度接触性传染病。藏猪口蹄疫的临床特征主要表现为：口腔黏膜、鼻盘、蹄部及乳房皮肤发生水疱和溃烂。该病有强烈的传染性，一旦发病，传播速度很快，往往造成大面积的流行，不易控制和消灭，给藏猪养殖业带来严重经济损失。

病原：口蹄疫病毒（FMDV）属于微核糖核酸病毒科中的口蹄疫病毒属。具有多源性、易变性的特点，根据血清学的特性分为 7 个主型。单纯性猪口蹄疫是由 O 型病毒引起。口蹄疫各型病毒疫苗，只对本型产生免疫力，没有交叉保护作用。

口蹄疫病毒对外界环境抵抗力很强，不怕干燥，在自然条件下，含病毒的组织与污染的饲料、饲草、皮毛及土壤等保持传染性达数月之久。粪便中的病毒，在温暖的季节可存活 29~33d，在冻结条件或冻干可以保存数年。但对酸和碱十分敏感，易被碱性或酸性消毒剂杀死。

流行特征：该病主要侵害猪、牛、羊及野生偶蹄兽，人也可感染。传染源是病畜和带毒动物，尤其是在出现症状的几天内排毒数量最多，毒力最强。仔猪易感染且死亡率高。

病畜发热期，其粪、尿、奶、眼泪、唾液和呼出气体均含病毒，以后病毒主要存在水疱皮和水疱液中。康复的藏猪带毒1个月左右。

该病传播迅速，流行猛烈，呈流行性发生。发病率很高，病死率较低。没有严格的季节性，但是流行有明显的季节规律。一般于冬、春季节易发生大流行，到夏季减缓或平息。

临床症状：潜伏期为1~2d，病猪以蹄部水疱为特征，病初体温升高至40~41℃，食欲减退或废绝，精神不振。口腔黏膜形成小水疱或糜烂。蹄部出现局部发红、微热等症状。不久形成米粒至蚕豆大小的水疱，水疱破裂后表面出血，形成糜烂。如有继发感染，严重者影响蹄叶、蹄壳脱落。病藏猪的鼻镜、乳房也常见到烂斑，尤其是哺乳母藏猪，乳头上的病灶常见。吃奶仔猪的口蹄疫，通常呈急性胃肠炎和心肌炎而突然死亡。

病理变化：主要以口腔、蹄部水疱和烂斑症状为主，心包膜有弥漫性及点状出血，心肌松软，切面有灰白色或淡黄色斑点或条纹，好像老虎皮似的斑纹，故称"虎斑心"，在咽喉、气管、支气管见到圆形烂斑和溃疡，肠黏膜可见到出血点或出血斑。

诊断：呈流行性传播，侵害偶蹄兽和典型的临床症状及病变可做出初步诊断。为了与类似疾病鉴别诊断及毒性的鉴定，必须进行实验室诊断。

治疗：症状较轻病猪经过10d左右多能自愈。病猪用0.1%高锰酸钾溶液洗净局部，再涂布龙胆紫溶液或碘甘油，经过数日治疗绝大多数可以治愈。也可以用以下方案：

瘟毒血清+菌毒克星，分别注射，一日一次，连用 2d。料中添加强效黄芪多糖+黄金肽，连用 5d，效果更佳。

但国家明文规定，口蹄疫病猪应一律急宰，不准治疗，并且将尸体做焚烧无害化处理，防散播传染。

防制：防制该病立即实现封锁、隔离、检疫、消毒等措施，迅速通报疫情，查源消源，并对受威胁区的藏猪群进行免疫接种。疫点内最后一头病猪痊愈或死亡后 14d，如再未发生口蹄疫，经过大消毒后，可申报解除封锁。

疫点严格消毒，粪便堆积发酵处理，或用 5%氨水消毒；畜舍、场地和用具以 2%~4%烧碱溶液或 1%的强力消毒灵喷洒消毒，或用甲醛气体消毒。

预防接种：对疫区和受威胁区的健康藏猪进行紧急免疫接种，在受威胁区的周围建立免疫带以防疫情扩展。

三、猪流感

猪流感是由流感病毒感染引起的急性、高传染性呼吸道疾病。

病原：流感病毒属于正黏病毒科，猪是猪流感病毒的主要宿主。猪流感病毒在带毒猪体内可以存活 3 个月。对低温干燥抵抗力强，病毒对一般消毒剂均敏感特别是对碘蒸气或碘溶液。

临床症状：潜伏期很短，几小时到数天。发病突然，传播迅速，全群几乎同时感染。病猪体温突然升高到 40~41.5℃，有时可高达 42℃。食欲减退、甚至废绝，精神沉郁，肌肉和关节疼痛，常卧地不起或钻入垫草中，捕捉时则发出惨叫声。呼吸急促、腹式呼吸、夹杂阵发性痉挛性咳嗽，粪便干硬。眼和鼻流出黏性分泌物，有时鼻分泌物带有血色。病程较短，如无并发症，多数病猪可于6~7d后康复。如有继发性感染，则可使病势加重，发生纤维素性出血性肺炎或肠炎而死亡。

病理变化：病理变化主要在呼吸器官。上呼吸道黏膜出血，表面有大量泡沫状黏液，肺脏呈紫红色并实变，以尖叶和心叶最常见；但在严重病例则大半个肺受侵害。一般受侵害肺组织和正常肺组织之间分界明显，受侵害区域呈紫色。小叶间水肿明显。在严重病例，可发生纤维素性胸膜炎。鼻、喉、气管和支气管黏膜可能有出血，充满带血的纤维素性渗出物。支气管淋巴结和纵膈淋巴结肿大、充血、水肿，脾常轻度肿大，胃肠有卡他性炎症。

防制：主要防制措施为免疫接种工作。因为存在中间传播，所以应防止藏猪与其他种类动物，特别是防止与家禽接触。疫苗免疫也是控制猪流感的有效措施。目前治疗该病没有特效的药物，采取解热镇痛等对症疗法，应用全身抗生素和磺胺类药物来控制继发感染。

四、猪传染性胃肠炎

藏猪传染性胃肠炎是由传染性胃肠炎病毒引起的一种高度接触性胃肠道传染病。以发热、呕吐、严重腹泻、脱水和2周龄以内仔猪死亡率高为特征。一般10日龄内的仔猪死亡率高，6周龄以上的病藏猪很少死亡。

病原：属于冠状病毒科、冠状病毒属。其对光照和高温敏感，在阳光照射下很快会灭活。病毒对乙醚和氯仿敏感，对许多消毒剂也较敏感，可被福尔马林、氢氧化钠等灭活。

流行特征：该病的传染来源主要是病猪和康复后带毒猪。病毒可随粪便排毒长达8周之久。传染性胃肠炎病毒对各年龄段的藏猪均有易感性，10日龄以内的仔猪最为敏感，发病率和死亡率都很高。该病的传播途径主要是藏猪吃入被污染的饲料，经消化道感染，也可以通过呼吸道感染。多发生在冬、春寒冷季节。

临床症状：潜伏期很短，一般为15~18h，有的长达2~3d。该病传播数日内可蔓延全群。仔猪常突然发病，首先呕吐，继而发生水样腹泻，粪便黄绿色或灰白色，后期常夹有未消化的凝乳块。病猪精神委顿，被毛粗乱无光泽，战栗，吃奶减少或停止吃奶，极度口渴，明显脱水，体重迅速减轻。

成年藏猪发病率高，突然发生水样腹泻，粪便呈灰色或灰褐色，食欲减退、体重迅速减轻，有时出现呕吐。体温升高，随着病情的发展，病猪出现严重腹泻。一般3~7d恢复，极少发生死亡。

病理变化：尸体脱水明显，主要病理变化在胃和小肠。哺乳仔猪胃肠膨胀，胃内充满未消化的凝乳块，胃底黏膜轻度充血，有的病猪胃黏膜下有出血斑或出血点。小肠内充满白色或黄绿色液体，含有泡沫和未消化的小乳块，肠壁变薄而无弹性，肠管扩张呈半透明状。另外，可见肠系膜充血，肠系膜淋巴结肿大。肾脏常有浑浊肿胀和脂肪变性，并有白色尿酸盐沉积。

诊断：该病发生于寒冷季节，传播迅速。病猪先呕吐，继而发生水样腹泻，10日龄以内仔猪有高度致死率，而成年猪能迅速地恢复。确诊用血清学免疫荧光抗体试验方法。

防制：对该病无特效治疗方法，该病的预防主要是采取免疫预防措施。加强饲养管理及做好圈舍的消毒，搞好藏猪舍卫生，注意防寒保暖，防止藏猪舍潮湿闷热，保持舍内空气新鲜，提高藏猪群健康水平，增强抗病力。

治疗：采用对症治疗方法可促进成年病猪加速恢复，在患病期间大量补给葡萄糖氯化钠溶液和清洁饮水，缓解该病。不能饮水的病仔藏猪应静脉注射10%葡萄糖和庆大霉素同步滴注或其他抗生素药物。使用抗生素可防止继发感染，减轻症状。

预防接种：用灭活疫苗或弱毒疫苗每年10月底连续免疫两次。对怀孕母猪、妊娠母猪产前40d和10d各免疫一次。

五、猪伪狂犬病

藏猪伪狂犬病是由伪狂犬病病毒引起的一种急性传染病。临床特征以新生仔猪主要表现神经症状，死亡率高。成年藏猪感染后可引起流产、死胎及呼吸系统症状。

病原：伪狂犬病病毒属于疱疹病毒科，疱疹病毒亚科。只有一个血清型，但毒株之间存在差异。病毒对外界抵抗力强，但对一般常用的消毒剂都很敏感。

流行特征：病猪、带毒藏猪为该病的重要传染源，该病传播方式较多，主要是经伤口感染、接触感染、空气传播，藏猪配种时也可以传播。哺乳仔猪日龄越小、发病率和死亡率越高，断乳后的仔猪多不发病。

症状：潜伏期一般为 3~6d，临床症状随年龄和感染毒株的毒力不同而有很大差异。对于 2 周龄的仔猪，病初发热、呕吐、下痢、厌食、精神不振，有的见眼球上翻，视力减退、呼吸困难，呈腹式呼吸，继而出现神经症状，发抖、共济失调、间歇性痉挛、后躯麻痹做前进或后退转动，倒地四肢划动。最后衰竭死亡。2 月龄以上的藏猪症状轻微或呈隐性感染，表现为发热、咳嗽、便秘，有的呕吐，多在 3~4d 恢复。怀孕母猪表现为咳嗽、发热、精神不振。随之发生流产、木乃伊胎、死胎和弱仔，其中以死胎为主。公猪表现睾丸肿胀、萎缩，丧失配种能力。

诊断：根据病畜临床中主要出现的神经症状结合流行病学的分析，可初步诊断。

防制：免疫接种是预防和控制该病的主要措施，除免疫外，消灭猪场鼠类对预防该病也具有重要的意义。

该病目前没有有效的药物进行治疗，紧急情况下用高免血清治疗可降低死亡率。

六、猪细小病毒病

猪细小病毒病可引起藏猪繁殖障碍。其特征为受感染的藏母猪，特别是初产母猪产出死胎、畸形胎和木乃伊胎，而母猪本身无明显症状。

病原：藏猪细小病毒（PPV）属于细小病毒科、细小病毒属。该病毒对热、消毒药和酸碱的抵抗力均很强。56℃下48h或80℃下5min才失去感染力和血凝活性。

流行特征：猪是唯一易感动物，不同年龄、性别的猪均可感染。病猪和带毒猪是主要的传染源。急性感染猪的排泄物和分泌物中含有较多的病毒，病毒可通过胎盘传染胎儿，感染后母猪常常产出死胎、木乃伊胎，胎儿发育异常、弱胎。

对公猪的受精率或性欲没有明显影响。

临床症状：仔猪和母猪的急性感染，通常没有明显症状，但体内很多组织器官、淋巴组织中可发现病毒。母猪在怀孕30~50d感染时，主要产出木乃伊胎、多次发情而不受孕等症状；怀孕50~60d感染时多出现死胎；怀孕70d感染的母猪则常出现流产症状。

病理变化：子宫内膜有轻微的炎症，胎盘有部分钙化。感染而死亡的胎儿可见充血、水肿、出血、体腔积液、脱水（木乃伊化）等病变。组织学检查，以脑膜脑炎病变为特征，可见大脑灰质、白质和软脑膜有以增生的外膜细胞、组织细胞和浆细胞形成的血管周围管套。

诊断：根据临床症状、病理变化结合流行病学的调查即可初步诊断。确诊需经过实验室检查。对于流产、死产或木乃伊胎儿送检。血凝抑制试验是一种操作简单、检出率较高的诊断方法。

防制：该病目前没有特效的治疗方法，主要采取以预防为主的措施。对藏猪进行免疫接种，有良好的预防效果。加强检疫，控制带毒藏猪进入到藏猪群。

七、猪瘟

猪瘟又称烂肠病，是由猪瘟病毒引起的一种急性、热性、败血性传染病。其特征为急性经过，高热稽留，死亡率很高和小血管变性引起的出血、梗塞和坏死等变化。各年龄藏猪均可发病，一年四季流行。临床可分为急性型、亚急性型、慢性型、非典型性和不明显型猪瘟。

病原：藏猪瘟病毒（HCV）为黄病毒科、瘟病毒属的一个成员。目前认为猪瘟病毒为单一血清型，尽管分离不少变异性毒株，但是都属于一个血清型，所以只有毒力强弱之分。由强毒株引起的猪瘟，被感染猪呈急性经过，死亡率高。由弱毒株引起的猪瘟，被感染猪呈亚急性或慢性经过。猪瘟病毒对环境的抵抗力不强，在20℃可以存活2周，4℃可以存活6周以上。一般消毒药均可灭活。2%的氢氧化钠是最适合的消毒剂。

流行特征：猪是该病唯一的自然宿主，病猪和带毒猪是最主要的传染源，健康猪和病猪直接接触是病毒传播的主要方式。健康猪在发病前即可从口、鼻及泪腺分泌物、尿和粪中排毒，并延续整个病程。康复猪在出现特异抗体停止排毒。猪瘟发病不分年龄、品种、性别、季节，均易发病死亡。蚊、蝇作为媒介可引起本病的传播，本病可垂直传播，母猪感染无免疫性，毒力不特别强，引起胎儿死胎、木乃伊胎、弱胎，个别存活仔猪出现神经症状。病猪是主要的传染源，可经排泄物、分泌物排毒，猪肉产品及污染的饲料、饮水也是危险

危险

的传染源。

症状：自然感染潜伏期为 5~7d。根据临床症状和特征，猪瘟可分为急性型、慢性型、迟发型 3 种类型。

急性型猪瘟：由猪瘟强毒引起，表现为突然发病，体温升高至 41~42℃，精神沉郁，食欲不振、喜欢饮水，眼结膜充血或发绀，两眼有多量脓性分泌物，严重时两眼完全被封。病初病猪便秘，随后下痢，有的发生呕吐。少数猪出现惊厥，皮肤以出血为主，以颈部、四肢内侧、腹下侧、鼻端为常见。多数猪发病后几天内死亡。

慢性型猪瘟：主要表现为消瘦，贫血，全身衰弱，常伏卧，行走时缓慢无力，时有轻热，白细胞减少，食欲不振，便秘和腹泻交替，有的皮肤可见紫斑和坏死痂，病程可达几个月，有的能够自然康复。

迟发性猪瘟：是先天性猪瘟病毒感染的结果。感染猪在出生后在相当长的时间内呈无病状态，数月后才表现出轻度的厌食，精神沉郁，结膜炎、皮炎、下痢和局部运动失调、后肢麻痹等。怀孕母猪感染猪瘟病毒，在妊娠后期可出现流产、死胎、木乃伊胎和畸形胎。子宫内感染的仔猪皮肤出血常见，且初生死亡率高。

非典型（温和性）猪瘟：皮肤上出现轻度的出血、发绀，干耳，干尾（干性坏疽），甚至脱落，全身性皮肤花斑状脱落，称为"花皮猪"。扁桃体变化明显，充血、肿胀、溃疡、发热轻。病程 1~2 个月，发育停滞。从这类猪上分离出毒力弱的猪瘟病毒，但经过健康猪传几代后，则毒力增强。

病理变化：急性型猪瘟呈现以多发性出血为特征的败血

症变化，此外消化道、呼吸道和泌尿道有卡他性、纤维素性和出血性炎症反应。

淋巴结和肾脏病变最明显。全身淋巴结肿胀、水肿和出血，呈现红白或红黑相间的大理石样变化，所有淋巴结均可受害。肾组织被膜下（皮质表面）呈点状出血到大的出血斑，称"麻雀肾"。除肾脏和淋巴结以外，全身浆膜、黏膜和心、肺、膀胱黏膜、扁桃体均可见到大小不一的出血点或出血斑。脾见出血性梗死，呈紫黑色。回盲瓣处淋巴组织纽扣状肿大，若有继发感染，可见纽扣状溃疡；小肠卡他性肠炎，肠道淋巴结肿胀，大肠黏膜在出血基础上发展为坏死，呈灰黄色，干燥，表面纤维素附着，形成纽扣状肿。

慢性型猪瘟的出血和梗死变化不明显，在回肠末端和盲肠、结肠常有特征性的坏死和溃疡变化，呈纽扣状。幼猪出现钙、磷代谢紊乱，肋骨与软骨间出现钙化现象，出现黄色的骨化线。

迟发型猪瘟的突出变化是胸腺萎缩和外周淋巴器官严重缺乏淋巴细胞和生发滤泡。淋巴结肿胀，出血轻微或不出血，肾脏出血也较少，脾梗死灶少，略有肿胀，膀胱黏膜没有出血，大肠黏膜很少有纽扣状肿。

先天性感染可引起胎儿木乃伊化、死产和畸形。死产的最显著的症状是全身性皮下水肿，腹水和胸水。胎儿畸形包括头和四肢变形，小脑和肺发育不良，肌肉发育不良。

诊断：典型急性猪瘟发病，可以根据流行病学、临床症状、病理学剖检可做现场诊断。疫病传播迅速，死亡率高；病猪常有白细胞减少，剖检时可见淋巴结、肾脏和其他器官出血，脾脏梗死。这些都是猪瘟特征性的病变。

实验室诊断可以用酶联免疫吸附试验（ELISA）和荧光抗体检测技术。

防制：猪瘟是由病毒引起的疾病，目前尚无有效的药物进行防制，因此免疫防制对该病极为重要。

八、猪繁殖与呼吸综合征(蓝耳病)

猪繁殖与呼吸综合征（PRRS）是由病毒引起的猪的一种繁殖障碍和呼吸道的传染病。母猪表现为厌食、发热，怀孕后期发生流产、死胎和木乃伊胎；幼龄仔猪发生呼吸系统疾病。

病原：猪繁殖与呼吸综合征病毒（PRRSV）归为一个独立的新病毒群——动脉炎病毒科。PRRSV 对有机溶剂比较敏感。在-20~70℃下可长期保存，但很容易在加热、干燥及一般消毒剂条件下被杀死。

流行特征：PRRSV 只感染猪，各种年龄和品种的猪均易感，但主要侵害繁殖母猪和仔猪，而育成猪发病温和。病猪和带毒猪是该病的主要传染源。感染母猪有明显的排毒，如鼻分泌物、粪便、尿液均含有病毒。耐过猪可长期带毒和不断向体外排毒。传播迅速，主要经呼吸道感染，健康猪与病猪接触更容易导致该病的发生和流行，该病也可垂直传播。

临床症状：开始发病时，母猪出现体温升高、精神沉郁、嗜睡、厌食甚至出现呕吐，个别母猪甚至绝食 3~7d。妊娠后期发生早产、流产、死胎、木乃伊胎及弱胎。并造成母猪不育或产奶量下降，少数猪耳部发紫，皮下出现一过性血斑。公猪感染 PRRS 病毒，可能表现为由于体温上升而出现精神沉郁、咳嗽、喷嚏呼吸急促和运动障碍，精液质量下降性欲减退，射精少。仔猪早产乳猪脐带肿大，出血，产后24h死亡。小猪主要表现为呼吸加速，有时呈腹式呼吸。肌肉震颤、后肢麻痹、共济失调、打喷嚏、嗜睡。有的仔猪耳朵和躯体末端皮肤发绀。育成猪双眼肿胀、结膜炎和腹泻，并出现肺炎的症状。

诊断：根据母猪妊娠后期发生流产，新生仔猪死亡率高结合临床症状和间质性的肺炎可初步诊断。经过实验室检查可确诊。

防治：目前对该病尚无特效疗法，主要采取综合防治的措施和对症疗法，最根本的方法是消除传染源、彻底消毒，切断传播途径。

综合性预防措施是减少该病的有效途径：建立和完善以卫生消毒工作为核心的猪场生物安全体系。做好清洁卫生和消毒工作，将卫生消毒工作落实到藏猪场管理的各个环节，通过生物安全体系的建立，最大限度地控制病原体的传入和藏猪场内病原体的传播，把疫病控制在最小范围内，将疫病的损失降到最低限度。

由于PRRS具有高度的传染性，可通过粪、尿、鼻液等传播病毒。因此，圈舍要定期消毒，做好灭鼠，保持清洁卫生，每周至少带猪消毒1~2次，场区一般每月消毒一次；引种前必须检疫，确认无该病后方可引入；新引进的种猪要隔离。密切注意藏猪群变化，发现母猪有流产、死胎，仔猪有呼吸道症状，公猪有嗜睡、食欲不振等症状时，进行必要的兽医检查，做出科学诊断，便于采取隔离、消毒等措施。

九、猪流行性腹泻

　　猪流行性腹泻是由猪流行性腹泻病毒引起的一种高度接触性肠道传染病，以呕吐、腹泻和脱水为特征。各种年龄的藏猪均易感，尤其是仔猪发病更高。

　　病原：猪流行性腹泻病毒，为冠状病毒科、冠状病毒属的成员。该病毒对外界抵抗力弱，对乙醚、氯仿敏感，一般消毒剂都可将其杀灭。

　　流行特征：猪流行性腹泻病毒仅在猪群中持续存在，各种年龄的藏猪都易感。哺乳仔猪、架子猪和育肥猪的发病率相对较高，尤其以哺乳仔猪严重。母猪的发病率变动较大，为15%~90%。病猪是主要的传染源。该病在我国冬季为高发期。各种年龄的藏猪均易感，年龄越小发病率和死亡率越高。病毒多经粪便排出，运输车辆、饲养员的鞋子或其他带病毒的动物，都可作为传播媒介，主要传播途径是消化道。

　　临床症状：主要症状是水样腹泻、呕吐。新生仔猪感染后潜伏期为15~30h，发病3d后严重的脱水而死亡。育肥猪，自然感染潜伏期可能稍长。病猪表现为精神沉郁、食欲减退、呕吐、腹泻和脱水，粪稀如水，呈灰黄色或灰色。呕吐多发生于进食或吮乳后。断奶猪和育肥猪以及母猪常常呈现沉郁和厌食症状，持续腹泻，逐渐恢复正常。成年猪表现出沉郁、厌食、呕吐等症状，很少发生死亡。

　　病理变化：主要表现为小肠扩张，充满淡黄色液体，小肠黏膜有出血点，肠壁变薄，肠系膜淋巴结水肿，小肠绒毛变短。胃内经常没有食物或充满胆汁样的黄色液体。

诊断：根据临床症状水样的腹泻、脱水结合流行病学冬季易发，各种年龄的猪均易感，年龄越小发病率和死亡率越高即做出初步诊断。

防制：免疫接种是目前预防猪流行性腹泻的主要手段。由于该病仔猪发病高、病死率高。仔猪依靠自身的主动免疫往往来不及，现行的猪流行性腹泻疫苗大多通过给母猪预防注射，依靠初乳中的特异性抗体给仔猪提供良好的保护。

猪流行性腹泻用抗生素治疗无效。目前无特效药物和疗法，主要通过采取隔离、消毒、加强饲养管理、减少人员流动、采用全进全出制等措施进行预防。

十、猪圆环病毒病

猪圆环病毒可引起猪断奶后多系统衰竭综合征（PMMS）及皮炎肾病综合征（PDNS），是断奶仔猪及肥育猪一种新的传染病。特征为进行性消瘦、发热、呼吸急促、皮肤红疹、苍白或黄疸。

流行特征：该病常见于 8~12 周龄仔猪。普通猪群均能发病，多见皮疹型的。猪圆环病毒随粪便、鼻腔分泌物排出体外，通过消化道而感染，也可垂直感染。若继发其他细菌感染则使病情更为严重和复杂，常与蓝耳病、猪伪狂犬病、细小病毒病、猪流感、喘气病及多种细菌性疾病混合感染。

临床症状：发病仔猪采食量下降、精神不振、背毛粗乱、喜扎堆、呼吸急促、衰弱无力、皮肤发白、并有腹泻、进行性消瘦、与猪瘟等易混淆。育肥猪耳朵及皮肤出现红色丘疹，后变成蓝紫色豆状结痂，一般不会自然痊愈而且愈发严重。

病理变化：脾、肾肿呈土黄色，并有白色坏死斑点或散在的红色坏死斑点；肺脏呈弥漫性、间质性肺炎，质地较硬似橡皮，表面呈灰色至褐色的斑驳外观；腹股沟淋巴结、肠系膜淋巴结、支气管及纵隔等淋巴结明显增生肿胀，切面水肿呈均质白色。胃肠道卡他性炎症、胃黏膜溃疡、盲肠壁增厚、小肠黏膜充血出血。

预防措施：慎选种猪，实施严格的生物安全措施，必要时对猪群进行检疫。严格实行全进全出，彻底冲洗消毒，确保空栏期。保证营养充足，选用优质饲料。减少应激，特别应注意气候变化，防止贼风和有害气体等因素。

治疗方法：克毒星+头孢至尊注射，一日一次，连用3d。饲料中添加强效黄芪多糖+圆蓝混感康拌料，连用5d效果较好。

任务8-3　藏猪常见细菌性传染病

【重点理论】

十一、猪大肠杆菌病

猪大肠杆菌病由致病性大肠杆菌的某些血清型引起猪的多种不同疾病的统称，分为仔猪黄痢、仔猪白痢、仔猪水肿三种病。

● （一）仔猪黄痢 ●

由致病性埃希氏大肠杆菌（*E. coli*）引起的初生仔猪的一种急性、高度致死性传染病。特征为剧烈腹泻，排出黄色或黄白色稀粪，迅速脱水。发病日龄早，发病急、症状明显、死亡率高，主要侵害1~5日龄仔猪。无季节性，但寒冷时发病率较高，产房潮湿，卫生条件不好时发病率更高，猪场一旦发病很难根除。主要是消化道感染，带菌母猪为主要传染源。

临床症状：水样稀粪，黄色或灰黄色，内含凝乳小片和小气泡。病猪口渴，吃乳减少，脱水、消瘦、昏迷、衰竭。

病理变化：尸体严重脱水，颈部、腹部皮下常有水肿，肠道膨胀，肠黏膜充血、水肿，甚至脱落，肠壁变薄，松弛，充气，尤以十二指肠最为重要，肠内容物呈黄色，有时混有血液。心、肝、肾有变性，重者有出血点或凝固性坏死。肠系膜淋巴结有弥漫性小出血点。肝、肾有小的坏死灶。

预防：做好母猪的产前产后管理，加强新生仔猪的护理。注意引种安全，注意母猪的饲料质量，合理搭配饲料，平时做好圈舍及藏猪场产房环境的清洁和消毒工作保持环境卫生和产房温度。母猪临产前，对产房必须彻底清扫、冲洗、消毒，垫上干净垫草。预产期前15~30d免疫。药物预防（初生后12h内口服敏感抗生素）。微生物制剂预防（如促菌生、调菌生、乳康生、康大宝等通过调节仔猪肠道微生物区系的平衡，从而抑制大肠杆菌）。

发现患有该病的病猪时，应全窝进行预防性治疗。

治疗：对仔猪黄白痢的治疗应采取抗菌、止泻、助消化和补液等综合措施。

抗菌：安普霉素、链霉素、环丙沙星、恩诺沙星、氟甲砜霉素、阿莫西林、泻痢停、克痢王。

止泻：鞣酸蛋白。

助消化吸收：食母生、小苏打、胃蛋白酶等。

补液：口服葡萄糖生理盐水及多维。葡萄糖生理盐水的配方：1 000 mL 水中加葡萄糖 20g，氯化钠 3.5g，氯化钾 1.5g，碳酸氢钠 2.5g。

免疫接种：妊娠母猪在产前 30d 和 15d 接种，疫苗选择大肠杆菌基因工程苗。庆大霉素每次 4~7mL/kg，每日 1 次，肌肉注射或口服。环丙沙星 3mL/kg，每日 2 次肌注。

● （二）仔猪白痢 ●

仔猪白痢又称迟发性大肠杆菌病，由致病性大肠杆菌的某些血清所引起，2~3 周龄仔藏猪常发的一种急性肠道传染病。临床特征为排灰白色、浆糊样稀粪，有腥臭味。发病率较高，病死率较低。

流行特点：无季节性，主要是通过消化道感染。当仔猪的饲养管理不良、卫生不好、阴冷潮湿，冬、春气候剧变，阴雨潮湿或保暖不良及母猪乳汁缺乏时发病较多；应激等因素也是重要病原之一。从病猪体内排出来的大肠杆菌，其毒力增强，健康仔猪吃了病猪粪便污染的食物时，就可引起发病。同窝仔猪中发现有病猪时，若不及时采取措施，就很快传播。以 10~20 日龄的仔藏猪发病最多。

临床症状：病猪突然下痢，粪便呈灰白色或淡黄绿色，混有黏液而呈糊状，有特殊的腥臭味。在尾、肛门及其附近常沾有粪便，随着病情的加重，下痢次数增多，粪便为水样。病猪消瘦、寒战，病程 3~7d，死亡率低。

诊断：根据发病原因结合临床中出现突然下痢，粪便呈灰白色或淡黄绿色，混有黏液而呈糊状，有特殊的腥臭味的症状即可初步诊断。

防制：改进母猪产前和产后的饲养管理非常重要，怀孕期和产后的饲料要含有丰富的维生素和无机盐。产房应保持清洁干燥，不蓄积污水和粪尿，注意通风保暖，每周至少消毒 1 次。仔猪应提早进食，在仔猪运动场放置少许炒熟的谷粒任仔猪嚼食，可促进仔猪消化机能的发育。

发生仔猪白痢时应及时给予治疗，改善饲养管理。一般使用抑菌、收敛及促消化的药物。抗菌消炎：一般采用抗生素和磺胺类药物进行治疗，病情严重时用土霉素 1g 内服。呋喃类药物，痢特灵 20mg/kg 内服，分 3 次投药，连用 3d。

● （三）仔猪水肿病 ●

仔猪水肿病是由病原性大肠杆菌引起，断奶前后仔猪的一种急性散发性肠毒血症。临床上主要表现为突然发病、共济失调、头部水肿，剖检变化为胃壁及大肠系膜的水肿。该病发病率不高，病死率高。主要发生于断乳仔猪。尤其是体况健壮、生长快的仔猪易于发病。该病似乎与饲料和饲养方法的改变、气候变化等有关。一般呈散发性，有时呈地方流行性。

临床症状：病猪突然发病，精神沉郁，食欲减少或废绝、口流白沫。体温无明显变化，心跳疾速，呼吸初期快而浅，后期慢而深。常有轻度腹泻。病猪静卧一处，肌肉震颤，抽搐，四肢泳动，触动时敏感，发呻吟声或作嘶哑的鸣叫。站立时背部拱起、发抖，前肢如发生麻痹，则站立不稳；后肢发生麻痹则不能站立。行走时四肢无力、共济失调、步态摇摆不稳、盲目前进或作圆圈运动。该病的特殊症状是水肿，常见于脸部、眼睑、结膜、齿跟，有时波及颈部和腹部的皮下。

病理变化：主要病理变化为水肿。可见眼睑、颜面、下颌部、头顶部皮下呈灰白色凉粉样水肿；胃壁水肿，常见于大弯部和贲门部，胃的黏膜层和肌肉层之间呈胶冻样水肿；结肠肠系膜及其淋巴结水肿。胃底有弥漫性出血；胆囊和喉头也常有水肿。有些病猪直肠周围也有水肿。小肠黏膜有弥漫性出血；淋巴结可出现水肿、充血和出血。有些病例没有水肿的变化，但有内脏出血性变化，以出血性肠炎尤为常见。

诊断：根据临床症状、病理变化的观察结合流行病学的调查可做出初步诊断。确诊需进行细菌学检查。菌检的取材部位是前段小肠内容物。需通过致病性试验确定分离株的致病性。

防制：控制该病重在预防，用针对本地流行的优势血清型大肠杆菌制备的灭活苗接种妊娠动物，可使仔畜获得被动免疫。防止应激反应发生，消除或减少仔猪断奶、转群的各种应激因素；加强饲养管理，限制饲料摄入量、高纤维日粮或自由采食粗纤维，可减少仔猪水肿病和断奶后大肠杆菌性腹泻的发生。如果发生仔猪水肿病时，饲料中添加药物预防，土霉素、新霉素或磺胺类的药物。

治疗方法：早期治疗可以使用硫酸镁 15~25g 内服，以排除肠内毒素，结合注射或口服土霉素每日 25~50mg/kg。根据病情对症治疗，可用尿素、葡萄糖等药物强心、利尿、解毒。如果是群体问题，应做药敏试验。对断奶后大肠杆菌性腹泻可采用对症治疗法。

十二、仔猪红痢

仔猪红痢又称猪传染性坏死性肠炎或梭菌性肠炎。病原是 C 型产气荚膜梭菌产生的 α 毒素和 β 毒素，能够引起仔猪肠毒血症和坏死性肠炎，是仔猪的一种高度致死性肠毒血症。特征为 1~3 日龄仔猪排血样粪便（血痢），肠坏死，发病急，病程短，死亡率高。无季节性，主要经消化道传播感染。

流行特点：该病主要侵害仔猪。病死率为 30%~70%。毒素存在于母猪肠道中，随粪便排出，污染哺乳母猪的乳头及垫料。当初生仔猪吮吸或吞入污染物时，细菌进入空肠繁殖，侵入绒毛上皮组织，产生毒素使受害组织充血、出血和坏死。该菌在自然界分布很广，存在于人畜肠道、土壤、下水道和尘埃中，猪场一旦发生该病，不易清除。

临床症状：按病程经过分为最急性型、急性型、亚急性型和慢性型。

最急性型：仔藏猪出生后 1d 内就可发病，临床症状多不明显，只见仔猪后躯沾满血样稀粪，病猪虚弱，很快进入濒死状态。少数病猪尚无血痢便昏倒和死亡。

急性型：整个病程病猪排出含有灰色组织碎片的红褐色

液状稀粪。病猪日渐消瘦和虚弱，病程维持 2d，一般在第 3d 死亡。

亚急性型：表现持续性腹泻，病初排出黄色软粪，以后变成液状，内含坏死组织碎片。病猪极度消瘦、脱水，一般 5~7d 死亡。

慢性型：病程较长，间歇性或持续性腹泻、粪便呈黄灰色糊状。病猪逐渐消瘦、生长停滞，于数周后死亡。

病理变化：病变常局限于小肠和肠系膜淋巴结，以空肠的病变最重，有的可扩展至回肠。最急性病例，浆膜下和肠系膜中有数量不等的小气泡，空肠呈暗红色，肠腔内充满红色的液体，腹腔内也有较多的红色液体，肠系膜淋巴结呈鲜红色。急性病例的肠黏膜坏死变化最重，而出血较轻，肠黏膜呈黄色或灰色，肠腔内有血染的坏死组织碎片黏着于肠壁，肠绒毛脱落，留一层坏死性的伪膜。亚急性病例的肠腔内有坏死组织碎片，肠壁变厚，容易碎，坏死性的伪膜更为广泛。脾边缘有小点状出血，肾脏灰白色，肾皮质部有小点状出血。慢性病例，在肠黏膜有一处或多处的坏死带。

诊断：根据流行病学、临床症状和病理变化特点可做初步诊断。确诊时需进行实验室检查。

防制：该病的发生迅速、病程短，来不及治疗或用药物治疗效果不好，主要依靠平时的预防。首先要加强藏猪舍与环境的清洁卫生和消毒工作，产房和分娩母猪的乳房应于临产时彻底消毒。仔猪出生后注射猪红痢血清；出生后内服庆大霉素；在未吃初乳前及以后的 3d 内，投服青霉素，或与链霉素并用，结合 VC 治疗，有防治仔猪红痢的效果。

免疫：妊娠母猪于产前 30d 和产前 15d 分别用红痢菌苗免疫接种一次。

十三、猪沙门氏杆菌病

猪沙门氏杆菌病又称仔猪副伤寒：由沙门氏菌属细菌引起的以急性败血症和肠炎为特征的传染病。

病原：沙门菌血清型相当复杂，引起藏猪临床发病的主要是猪霍乱沙门菌和鼠伤寒沙门菌。猪霍乱沙门菌常常导致猪的败血症，鼠伤寒沙门菌主要引发小肠结肠炎。该属细菌对干燥、腐败、日光等因素具有一定的抵抗力，在外界条件下，可以生存数月。对化学消毒剂的抵抗力不强，一般常用消毒剂和消毒方法均能达到消毒目的。

流行特点：该病常发生于 6 月龄以下的仔猪，以 1~4 月龄的多发。病猪和带毒猪是该病的传染源，健康猪食入带有该菌污染的饲料、饮水而感染。该病一般呈散发性或地方流行性。环境卫生差、潮湿、粪便堆积等因素可诱发该病。

临床症状：潜伏期一般从 2d 到数周不等，临床上分为急性、亚急性和慢性。

急性（败血型）发病时，体温突然升高（41~42℃），精神不振、食欲废绝。最后因衰竭而死。病程稍长者，病猪出现下痢，呼吸困难，耳根、胸前和腹下皮肤有紫红色斑点。有的病例在出现症状后 24h 内死亡，但多数病程为 2~4d，病死率很高。

亚急性和慢性病例最多见，病猪体温升高（40.5~

41.5℃）、精神不振、食欲减退，喜钻入垫草，堆叠在一起，眼部有黏性或脓性分泌物，病初便秘后下痢，粪便淡黄色或灰绿色、恶臭，混有血液。很快消瘦。最后衰竭死亡。

诊断：根据临床症状和流行病学调查可作出初步诊断。确诊需要进行微生物学检验。

防治：该病要以预防为主，加强饲养管理，消除发病诱因，保持饲料和饮水的清洁和卫生，加强免疫接种工作，各个地方根据地方实际情况制定科学的免疫程序。治疗该病时选用经过药敏试验有效的抗生素，如土霉素、庆大霉素，并进行对症治疗。呋喃类的药物和磺胺类的药物对该病也有效。

十四、猪传染性胸膜肺炎

猪接触传染性胸膜肺炎，是由胸膜肺炎放线杆菌引起猪的一种纤维性肺炎或局灶性坏死性肺炎，急性发病的动物死亡率高，慢性发病的动物常能耐过。

病原：胸膜肺炎放线杆菌属巴氏杆菌科、放线杆菌属，是一种革兰染色为阴性球杆菌，有荚膜和菌毛，不形成芽孢，能产生毒素，新鲜病料中呈两极染色。

流行病学：病菌主要存在于病猪呼吸道，主要通过空气飞沫传播，在大群集约化饲养的条件下最易接触传播。尤其是在不良气候条件下或在运输之后，更易引起流行。各种年龄的藏猪均易感染，但以 2~5 月龄多发。无病猪场多数是由于引进带菌猪和慢性感染猪所致，人员、工具的污染起到间接传播作用。该病有明显的季节性，多在 4—5 月和 9—11 月发生。另外，卫生条件差、通风不良、气候突变、饲养密度大、长途运输、维生素 E 缺乏等因素，都能促进该病发生。

临床症状：自然感染潜伏期为 1~2d，这主要与猪体的免疫状态、应激程度、环境状况和病原的毒力及感染量等有关。根据临床症状和病程长短可将其分为最急性型、急性型和慢性型。

最急性型：病猪突然死亡，体温升高至 42℃，食欲减退，有短期的下痢和呕吐，病死猪的腹部、双耳、四肢发绀，口鼻流出带血的红色泡沫。初生猪则因为败血症导致死亡。

急性型：病猪体温升高至 40~41.5℃ 食欲减退或食欲废绝、精神沉郁、嗜睡、呼吸急促、咳嗽，并有腹式呼吸，常呈犬坐姿势，张口伸舌。如不及时治疗 1~2d 内出现窒息死亡，部分转为亚急性或慢性。

亚急性型或慢性型：体温正常或稍有升高，咳嗽，食欲减退、精神沉郁、不愿走动、喜卧地。呈间歇性咳嗽、逐渐消瘦，由于抵抗力的下降往往与猪气喘病混合感染，病情加重，病死率明显增加。

病理变化：两侧肺炎病变明显，肺的尖叶、心叶呈紫红色，质地坚硬，肺间质内充满红色胶冻样物质，肺脏有纤维素样物质附着并有淡黄色液体渗出，肝、脾肿大，个别病例除胸腔外，在腹腔中也有纤维素渗出物。慢性病例大多表现肺与胸膜粘连，肺脏除有坏死性结节或局部坏死灶外，肺边缘有虾肉样实变区，质地坚实，切面易碎，肺表面有纤维素渗出物，间质增宽，气管水肿出血，下颌淋巴结肿大充血。

诊断：根据流行病学结合特征性临床症状及病理变化，

可做出初步诊断。确诊需进行细菌学检查和血清学试验。

防制：对猪场进行有效严格的消毒，及时清理粪便等污物，合理调节饲养密度，保持良好的通风和适宜的湿度。发现患猪，立即进行隔离。免疫预防是控制该病最有效的措施之一，因此，加强引种前的检疫和预防接种工作尽早确诊，及时治疗。早期用抗生素治疗有效，可减少死亡。病菌对青霉素、氨苄西林（氨苄青霉素）、磺胺类药物等都有一定的敏感性，但容易产生耐药性，根据药敏试验结果选择抗菌药物。

十五、猪丹毒

猪丹毒是由猪丹毒杆菌引起的一种急性、热性传染病。临床表现为急性败血型、亚急性疹块型。

病原：猪丹毒杆菌又称红斑丹毒丝菌，属于丹毒杆菌属是一种小杆菌，该菌无芽孢、无荚膜。革兰氏染色阳性。猪丹毒杆菌的抵抗力很强，在熏制的肉内能存活 3~4 个月，在土壤内能存活 35d。该菌对消毒剂敏感，在 2%福尔马林、1%漂白粉、1%氢氧化钠或 5%石灰乳中会很快死亡。

流行病学：不同年龄的猪都容易感染，病猪和带菌猪是猪丹毒的主要传染源。35%~50%健康猪的扁桃体和其他淋巴组织中在此菌。主要经消化道传播，也可经破损的皮肤和黏膜感染宿主。猪丹毒常呈暴发流行。母猪在妊娠期间感染极易造成流产。一年四季都有发生。在富含沙质和石灰质的土壤适宜于猪丹毒杆菌的生存，该菌在弱碱性壤中可存活时间长。因此，土壤污染在该病的流行病学上有极重要意义。

临床症状：急性败血型，体温突然升至 42~43℃，高热稽留、体质虚弱，行走时步态僵硬或常卧在地上，不愿走动，食欲废绝，有时呕吐。站立时背腰拱起，结膜充血。病初粪便干燥并附有黏液，后期发生腹泻。在不同时间可观察到耳朵和腿较低部位产肿胀。严重者呼吸困难、黏膜发绀，病畜很快死亡。也有部分猪患病不久，在耳后、颈部、胸腹侧等部位皮肤上出现红色菱形斑疹，逐渐变为暗紫色，用手按压褪色，停止按压时则又恢复。

亚急性型：病藏猪皮肤表面出现疹块，俗称的"鬼打印"或"打火印"。病初食欲减退、精神不振、口渴、便秘，有时呕吐。体温升高。通常于发病后 1~3d，在胸、腹、背、肩及四肢外侧等部位的皮肤出现大小不等的疹块，先呈淡红色，后变为紫红色，乃至黑紫色，形状为方形、菱形或圆形，坚实，稍突起于皮肤表面。初期疹块充血，指压褪色；后期淤血，呈紫蓝色，压之不褪色。

慢性型：多由急性或亚急性型病例转化而来，也有原发性的，常见有下列三种临诊症状。浆液性纤维素性关节炎表现为四肢关节的炎性肿胀；心内膜炎表现为消瘦、贫血、全身衰弱；皮肤坏死表现为局部皮肤肿胀、坏死。皮肤坏死一般单独发生，而浆液性纤维素性关节炎和庞状心内膜炎在病藏猪往往同时存在。

病理变化：急性型表现败血症的全身变化体表出现红斑，在鼻、耳、胸、腹部出现弥漫性皮肤发红。全身淋巴结肿大出血、切面多汁，呈浆液性、出血性炎症。肝脏、肺脏充血。胃、十二指肠、回肠，整个肠道都有不同程度的出血性炎症。肾脏淤血、肿大、被膜易剥离，发生急性出血性肾小球肾炎的变化，呈弥漫性暗红色，有"大红肾"之称，纵切面皮质部有出血点，这是肾小囊积聚多量出血性渗出物造成的。脾脏充血、呈樱桃红色，质地松软，显著肿大，切面外翻、隆起，脆软的髓质易于刮下，有"白髓周围红晕"现象，呈典型的败血脾。

慢性型：常见一个或数个瓣膜上有由肉芽组织和纤维素性凝块组成的灰白色增生物，呈菜花状。慢性型关节炎是一种多发性增生性关节炎，关节肿胀，有多量浆液性纤维素性渗出液，黏稠或带红色。

诊断：根据流行病学调查及临床症状、尸体剖检的观察做出该病的初步诊断，特别是当病猪皮肤呈典型红斑病理变化时，确诊时需进行血清学检测和病原学检测。

防制：加强免疫接种，每年按计划进行免疫接种是防制猪丹毒最有效的办法。每年春秋或冬夏两季定期进行预防注射。仔猪免疫可能受到母源抗体干扰，应于断奶后进行，以后每隔6个月免疫1次。一旦发现病毒立即隔离治疗。猪场、饲槽等用具要彻底的消毒。粪便和垫草最好彻底消毒。病猪尸体做无害化处理。

青霉素对猪丹毒高度敏感，对急性病例，用青霉素10 000IU/kg静脉注射，同时按常规剂量肌肉注射青霉素，直到体温恢复到正常，食欲恢复到正常。并结合对症治疗，不能过早停药，否则病情会复发。

十六、猪肺疫

猪肺疫又称猪巴氏杆菌病，俗称："清水喉"或"锁喉风"。它是由多杀性巴氏杆菌引起的急性流行性、热性传染病。以出血性败血病、咽喉炎和胸膜肺炎为主要特征。仔猪和青年猪发病率较高。

病原：多杀性巴氏杆菌呈两端钝圆短杆状或球杆状，革兰氏染色阴性。该菌对物理和化学因素抵抗力低。普通消毒剂对该菌有良好的杀菌作用。

流行病学：一般认为动物在发病前已经带菌，经排泄物、分泌物不断排出有毒力的病菌，污染饲料和外界环境，经消化道而传染给健康家畜；吸血昆虫也可作为媒介传播猪肺疫；也可经皮肤、黏膜的伤口发病。饲养管理不善、长途运输、寄生虫病等诱因使畜禽机体抵抗力降低时，病原菌即可乘虚侵入体内，发生内源性感染。该病虽一年四季都可发生，但在气候多变的早春、晚秋多见。该病一般为散发性，但毒力较强的病原菌有时可引起地方性流行。

临床症状：潜伏期1~5d，临诊上一般分为最急性型、急性型和慢性型。

最急性型：常突然发病，迅速死亡。前一天未见任何症状，次晨已死于圈中。病程稍长，可表现出体温升高（41~42℃）、食欲废绝、全身衰弱、呼吸困难、心跳加快、结膜发绀等症状，病猪颈下咽喉部发热、红肿、坚硬，触诊咽喉部时，肿块热而坚实，严重者向上蔓延至耳根，向后可达胸前。病藏猪呼吸极度困难，口鼻流出泡沫，常呈犬坐姿势，头颈伸展、呼吸困难。

急性型：主要症状为败血症和急性胸膜肺炎。体温40~41℃，病初痉挛性咳嗽和湿咳，鼻流黏液性带血鼻漏。有时混有血液；后期变为湿咳，咳时感痛，触诊胸部有剧烈的疼痛，听诊肺部出现锣音和摩擦音。随着病情发展呼吸困难，呈犬坐姿势，可视黏膜发绀，眼结膜有分泌物。初便秘后腹泻。后期皮肤淤血或有小出血点，呼吸困难，多因窒息而死，不死者往往转为慢性。

慢性型：病猪有肺炎和肠炎症状，持续咳嗽，呼吸困难，鼻孔有黏脓性分泌物。长期下痢，日渐消瘦。有时皮肤出现痂样湿疹，关节肿胀和跛行。食欲不振、营养不良、极度消瘦；如不及时治疗，因衰竭死亡。

病理变化：最急性型全身黏膜、浆膜和皮下有大量出血点或出血斑，尤以咽喉部及周围组织的出血性浆液浸润最为特征。切开颈部皮肤时，可见大量胶状淡黄或灰青色浆液浸润，水肿可自颈部蔓延至前肢。全身淋巴结肿大，出血，切面呈红色。心内外膜有小点出血。肺急性水肿；脾有出血，但不肿大；胃肠黏膜有出血性炎症，皮肤有红斑。

急性型除全身黏膜、浆膜、实质器官和淋巴结出血性病变外，肺有不同时期的肺炎病变，肺有不同程度的肝变区，周围常伴有水肿和气肿；病变肺组织坚硬如肝，切面区分为红色、灰红色及灰黄色不同区域，呈大理石状。胸膜常有纤维素性附着物，胸腔淋巴肿胀，切面发红、多汁。

慢性型消瘦、贫血，肺肝变区扩大，并有黄色或灰色坏死灶，被结缔组织包裹，内含干酪样物质，有的形成空洞。与支气管相通。心包与胸腔积液，胸腔有纤维素性沉着，常与病肺粘连。

诊断：根据病理变化、临床症状和流行病学的调查可对该病做出初步诊断，确诊有赖于细菌学检查。

防制：加强饲养管理，消除可能降低机体抵抗力的因素。藏猪舍定期用10%石灰乳或30%的热草木灰水消毒。同时定期进行预防接种增强机体对该病的特异性免疫力。

发病初期用10%磺胺嘧啶钠注射液，小猪20mL，成年猪40mL，每日肌肉或静脉注射1次。直到体温下降，症状好转为止或盐酸土霉素30~40mg/kg，溶于生理盐水或注射水中，肌肉注射，每日2次。至体温、食欲恢复正常后还需再注射1次。同时用血清，有较好的治疗效果。

十七、猪链球菌

猪链球菌是由C群、D群、E群、L群链球菌以及猪链球菌引起的多种疾病的总称。临床上主要以淋巴结脓肿、脑膜炎、组织化脓性炎、关节炎以及败血症为主要特征。

病原：链球菌属的细菌分布广泛，革兰氏染色阳性，呈长短不一的链状，不形成芽孢、无鞭毛。有的菌种在体内或血清培养基中形成荚膜。该菌对外界抵抗力强，但对一般消毒剂敏感。

流行病学：仔猪、架子猪、怀孕母猪发病率高。病猪和病愈带菌猪是主要传染源，多经呼吸道和消化道感染。败血症型和脑膜脑炎型多见于仔猪，化脓性淋巴结炎型多发于架子猪。一年四季均可发生，5—11月多发，呈地方流行性。

临床症状：因感染猪日龄、链球菌血清型不同，发病猪群呈现的临床症状各异。

急性败血症型精神沉郁、体温 41.5~42℃，呈稽留热，减食或不食，眼结膜潮红，流泪，有浆液性鼻汁，呼吸浅表而快。少数病猪在病的后期，于耳、四肢下端、腹下有紫红色或出血性红斑，有跛行。有的病畜出现共济失调、昏睡等神经症状，后期出现呼吸困难，常在 3d 之内死亡。

脑膜脑炎型常发生于仔猪，病初体温升高，食欲废绝，便秘，有浆液性或黏液性鼻汁。继而出现神经症状，共济失调、运动失调，发抖、角弓反张、转圈、空嚼、磨牙、四肢游泳状划动，甚至昏迷不醒。

关节炎型：主要表现为关节炎症状，表现一肢或几肢关节肿胀，疼痛，跛行，甚至不能站立。

化脓性淋巴结炎型：受害淋巴结肿胀，坚硬，有热有痛。多见于颌淋巴结，其次是咽部和颈部淋巴结。至化脓成熟，肿胀中央变软，皮肤坏死，自行破溃流脓，无臭，不引起死亡。

病理变化：急性败血症型以败血症变化为主，血凝不良。皮下出血。各器官充血，出血明显，脾肿大，呈暗红色或蓝紫色。各浆膜有浆液性炎症变化。全身淋巴结肿大充血和出血心内膜有出血点。

脑脊膜炎型：脑膜充血，出血，脑脊髓液浑浊，增量，有多量的白细胞，脑实质有化脓性脑炎变化，出现小出血点。其他病变与败血型相似。

关节炎型：滑膜血管的扩张和充血，关节表面可能出现纤维蛋白性多发性浆膜炎。受影响的关节，囊壁可能增厚，滑膜形成红斑，滑液量增加，并含有炎性细胞。

猪链球菌感染普遍引起肺脏实质性病变，包括纤维素性出血性和间质纤维素性肺炎、纤维素性或脓性支气管肺炎。

诊断：根据临床症状和病理变化，再结合流行病学特点可作出初步诊断，确诊需进行细菌学检查。

防制：一旦发病要及时清除传染源，带菌母猪尽可能淘汰，污染的用具用 3% 来苏尔进行彻底消毒。该病以预防为主，在 60 日龄首次免疫接种猪链球菌氢氧化铝胶苗，以后每年春秋各免疫 1 次，注射后 21d 产生免疫力，免疫期约 6 个月。猪链球菌弱毒菌苗，14d 产生免疫力，免疫期 6 个月。

病猪隔离按不同病型进行相应治疗。对淋巴结脓肿，待脓肿成熟后，及时切开脓肿，排除脓汁，用 3% 双氧水或 0.1% 高锰酸钾冲洗后，涂以碘酊。对败血症型及脑膜炎型，应早期大剂量使用抗生素或磺胺类药物。青霉素每头每次 40 万~100 万单位，每天肌内注射 2~4 次。庆大霉素 1~2mg/kg，每日肌内注射 2 次，能迅速改善症状，疗效明显优于青霉素。

任务 8-4　藏猪常见免疫程序

【技术要点】

随着藏猪养殖业的不断发展，在"洋猪"领域出现的各种猪传染病也不断出现我国地方猪养殖场中，且反复发作，这使得疫苗免疫注射对藏猪场的疫病防控具有十分重要的意义，由于不同地区、不同季节和不同场、群发病情况有区别，需要制定一个适于自己猪群的免疫程序，进行疫苗免疫接种变得更加迫切。

一、疫苗使用要求

疫苗使用过程中，需要注意以下方面：选用正规疫苗生产厂家，有批文，合格生产日期的疫苗；在疫苗运输的各环节中，严格按说明书内容规范运输；严格按照说明剂量使用，不得随意更改；疫苗打开后，必须在规定的时间内一次性用完，不可久置或隔夜；尽量采用注射一头猪换一个针头，特别是对于母猪注射操作；大群免疫前先选择小群进行免疫试验，无不良反应后可以全群免疫；疫苗使用完毕，需将剩余部分及空瓶煮沸 30min 后深埋，不得随意丢弃；免疫注射期间，原则上不可使用其他药物，特别是抗生素类，不可带畜消毒；如果免疫后出现应激反应，可先注射肾上腺素，间隔 1h 后再注射地塞米松进行缓解；严格按照免疫程序逐步进行免疫，不可随意更改。

二、免疫过程紧急处理措施

● （一）猪瘟 ●

在猪群中，一旦发现有 1 头确诊为猪瘟时，即对整个猪场进行逐头测温，对体温不高的猪，采用大剂量 4~5 头份猪瘟疫苗，紧急预防注射，并注意一头一针头。对已出现猪瘟症状的个体或注苗后不到 4~5d 就发生体温升高的猪只无效；但可采用猪瘟血清或猪用免疫球蛋白+抗病毒药有一定的效果。

● （二）伪狂犬 ●

病死猪的尸体应深埋或烧毁。猪舍或污染的场所，用百毒杀溶液（1：600）或其他药物进行彻底消毒。

● （三）猪丹毒 ●

对病猪按常规剂量用复方氨基林注射液稀释青霉素肌肉注射，每天 2 次，连续 3~4d，或用油剂青霉素肌内注射每天 1 次，连用 3~5d。

● （四）细小病毒 ●

该病目前没有特药物治疗，当发现发情时，对栏舍要彻底消毒，流产胎儿进行烧毁，对超期末产母猪应用氯前列烯醇进行人工分娩，加快繁殖周期，一般下一胎可正常分娩。

● （五）猪呼吸繁殖综合征 ●

在发现猪呼吸繁殖综合征时，选用猪 PRRS 灭活苗为全场种猪紧急免疫，每头 4mL；母猪配种前的 10~15d 注射 4mL 免疫。健康猪可选用 PRRS 弱毒注射，效果比较理想。

● （六）猪传染性胃肠炎和猪流行性腹泻 ●

患病的成年猪一般不会死亡，经 5~7d 可自然康复。但带仔母猪为了减少对仔猪的影响，进行对症治疗，可加快康复，缩短病程。仔猪日龄越小，死亡率越高。可用鸡新城疫Ⅰ系苗治疗。即将鸡新城疫Ⅰ系苗按 50~100 倍稀释，进行皮下或肌内注射，现配现用，稀释后 3h 内用完，每头仔猪 3~4mL。一天一次，连续 2~3d。同时内服"口服补液+氟哌酸"混合液，每次 10~30mL，每天若干次。可降低死亡率和缩短病程。

● （七）猪链球菌病 ●

对出现临床症状的病猪首次使用抗生素用量比常规用量

大2~3倍，并可联合用药。待体温、食欲恢复正常后，再继续用药2~3d。对尚未出现临床症状的同栏假定健康猪可用常规剂量逐头用敏感抗生素治疗，连续使用2~3d。

● （八）猪传染性胸膜肺炎 ●

对临床出现症状的病猪分别注射敏感抗生素和复方氨基比林针剂效果理想。对同群未发病或无临床症状的假定健康猪，用恩诺沙星原粉饮水或拌料，连续4~5d，可控制疫情。

● （九）仔猪断奶后系统衰竭综合征（PMWS）●

目前没有疫苗预防，但细小病毒、伪狂犬、副嗜血杆苗病、蓝耳病等疫苗打好之后，能减少PMWS的发生。病猪用抗生素治疗无效，但有助于控制重感染；在实际生产当中，用氟苯尼考或其他抗生素在断奶前后进行混饲有一定的预防效果，主要是控制继发感染，对临床症状明显的猪，用抗生素加抗病毒药物或免疫增效剂有一定的效果。

三、参考免疫程序（表8-1）

表8-1　藏猪场免疫程序（根据实际情况选用，仅供参考）

日龄	疫苗	用法	备注
20d	蓝耳病弱毒苗	肌内注射	
30d	猪瘟疫苗	肌内注射	4头份
35d	伪狂犬弱毒苗	肌内注射	断奶时肌注
45d	口蹄疫灭活苗	肌内注射	流行株
60~65d	猪瘟-丹毒-猪肺疫	肌内注射	三联苗注射 同时加防猪瘟疫苗
80~100d	口蹄疫灭活苗	肌内注射	流行株

日龄	疫苗	用法	备注
配种前 （150～180d）	伪狂犬疫苗	肌内注射	基因缺失灭活苗
	蓝耳病弱毒苗	肌内注射	
	细小病毒疫苗	肌内注射	弱毒苗或灭活苗 尤其是初产母猪
	猪瘟疫苗	肌内注射	经产母猪于产后30d注射
	口蹄疫灭活苗	肌内注射	流行株
春末	乙脑弱毒苗	肌内注射	蚊子流行季节前
分娩前	伪狂犬病疫苗	肌内注射	产前4周 基因缺失灭活苗
	蓝耳病弱毒苗	肌内注射	产前7周
	口蹄疫灭活苗	肌内注射	产前4周流行株
11月	传染性肠胃炎 流行性腹泻二联苗	后海穴注射	母猪产前一个月新生仔 猪、哺乳仔猪和断奶仔猪
分娩前	大肠杆菌灭活苗	肌内注射	
	萎缩性鼻炎灭活苗	肌内注射	

说明：

1. 种公猪每年两次注射猪瘟疫苗并猪瘟-丹毒-肺疫三联苗；两次注射伪狂犬疫苗。

2. 春末时节对5月龄以上种公猪和母猪进行乙脑疫苗接种。秋季配种前对五六月龄母猪进行免疫。

3. 乙脑疫苗最好采用弱毒苗，灭活苗效果差。

4. 乙脑疫苗可以和猪瘟疫苗、细小病毒苗同时接种。

5. 在暴发伪狂犬病的猪场应在配种前和临产前一个月分别进行一次疫苗接种。待疫情控制后可每年进行两次（选择在妊娠中期），而且最好采用灭活苗。育肥猪可采用弱毒苗或基因工程苗。

6. 蓝耳病弱毒苗安全有效。

7. 用三联苗防疫同时需加一次猪瘟单苗。

8. 育肥仔猪只进行一次气喘病疫苗注射；后备母猪在4月龄进行二免。

9. 国产猪气喘病疫苗属弱毒苗，需要肺内注射，效果良好。

10. 经产母猪的猪瘟苗接种在仔猪断奶时注射。

模块9　藏猪常见寄生虫病

任务9-1　寄生虫病的基础理论

【重点理论】

一、猪寄生虫病流行病学

● （一）流行病学概念 ●

寄生虫病的流行病学是研究动物群体的某种寄生虫病的发生原因和条件、传播途径、发生发展规律、流行过程及其转归等方面特征的科学。

● （二）寄生虫病发生的基本环节 ●

寄生虫病在一个地区流行必须同时存在3个基本环节，即感染来源、感染途径和易感宿主。

1. 感染来源

一般指有某种寄生虫的宿主及生物传播媒介等。病原体（虫卵、幼虫、虫体）通过这些宿主的粪、尿、痰、血液以及其他分泌物、排泄物不断排出体外，污染外界环境，然后经过发育，经过一定的方式或途径转移给易感动物，造成感染。

2. 感染途径

是指病原从感染来源感染给易感宿主所需要的方式。

3. 易感宿主

寄生虫一般只能在一种或若干种动物体内生存，并不是所有的动物，这是寄生虫对宿主的专一性。

● （三）寄生虫病的流行特点 ●

寄生虫病的流行过程及影响因素十分复杂，其流行在数量上可表现为散发、暴发、流行或大流行；在地域上表现为地方性；在时间上表现为季节性。

二、寄生虫病的诊断及防治原则

● （一）流行病学调查 ●

流行病学调查可作为寄生虫病的诊断提供重要依据。调查内容亦是流行病学所包含的各项内容，诸如感染来源，感染途径，当地自然条件，中间宿主和传播媒介的存在与分布，动物种群的背景及现状资料，防制措施及其效果等。通过分析得出规律性结果。

● （二）临诊检查 ●

临诊检查主要是检查动物的营养状况、临诊表现和疾病的危害程度。对于具有典型症状的疾病基本可以确诊，如藏猪螨病等；对于某些外寄生虫病可发现病原体而建立诊断，如藏猪虱病等。

● （三） 实验室诊断 ●

实验室诊断是寄生虫病诊断中必不可少的手段，可为确诊提供重要的依据。一般在流行病学调查和临诊检查的基础上进行。包括病原学诊断、免疫学诊断和其他实验室常规检查。

1. 病原学诊断

这是诊断寄生虫病的重要方法。根据寄生虫生活史的特点，从动物的血液、组织液、排泄物、分泌物或活体组织中检查寄生虫的某一发育虫期，如虫体、虫卵、幼虫、卵囊、包囊等。

不同的寄生虫病采取不同的检验方法。主要有：粪便检查（虫体检查法、虫卵检查法、毛蚴孵化法、幼虫检查法等）、皮肤及其刮下物检查、血液检查等。

2. 免疫学诊断

免疫学诊断是利用免疫反应的原理，在体外进行抗原或抗体检测的一种诊断方法。

● （四） 寄生虫病学剖检 ●

寄生虫病学剖检是诊断寄生虫病可靠而常用的方法。尤其适合于对群体动物的诊断。剖检可用自然死亡的动物、急宰的患病动物或屠宰的动物。在病理解剖的基础上进行，既要检查各器管的病理变化，又要检查各器官的寄生虫，并确定寄生虫的种类和数量，以便确诊。

● （五） 药物诊断 ●

1. 驱虫诊断

用特效驱虫药对疑似动物进行驱虫，收集驱虫后 3d 以内排出的粪便，肉眼检查粪便中的虫体，确定种类及数量，达到确诊的目的。适用于猪绦虫病、猪线虫病等诊断。

2. 治疗诊断

用特效驱虫药对疑似动物进行治疗，根据治疗效果来进行诊断。多用于猪螨病的诊断。

三、寄生虫病的防治措施

（一）控制和消除感染源

驱虫是综合防治措施的重要环节，按照寄生虫病的流行规律定时投药，而不论其是否发病。多采取一年两次驱虫的措施。某些寄生虫病的流行，与犬、猫、野生动物和鼠类等关系密切，特别是猪华支睾吸虫病、猪棘球蚴病、猪细颈囊尾蚴病、旋毛虫病。因此，应在藏猪舍周围对犬和猫严加管理，控制饲养。鼠在自然疫源地中起到感染来源的作用，应搞好灭鼠工作。寄生在消化道、呼吸道、肝脏、胰腺及肠系膜血管中的寄生虫，在繁殖过程中随粪便把大量的虫卵、幼虫或卵囊排到外界环境并发育到感染期。因此，尽可能地减少宿主与感染源接触的机会，如及时清除粪便，打扫栏舍；消灭外界环境的病原体，把粪便集中在固定的场所堆积，利用生物热杀灭虫卵、幼虫或卵囊等。粪便中的虫卵、幼虫和卵囊，对化学消毒剂有强大的抵抗力，常用浓度的消毒剂无杀灭作用，但对热敏感。

（二）阻断传播途径

对生物源性寄生虫病，消灭中间宿主和传播媒介可以阻止寄生虫的发育，起到消灭感染源和阻断感染途径的双重作用。

● （三）提高自身抗病力 ●

　　加强饲养管理，增强机体的抵抗力，搞好圈舍卫生，保持圈舍内干燥、光线充足和通风良好，及时清除粪便和垃圾。

● （四）保护幼年仔猪 ●

　　幼龄动物由于抵抗力弱而容易感染，感染后发病严重，死亡率较高。因此，断奶后仔猪，可以安置在经过除虫处理的栏舍。

任务9-2　藏猪常见寄生虫病及其防制

【重点理论】

　　寄生虫分体内寄生虫和体外寄生虫两大类。体内寄生虫主要有蛔虫、鞭虫、结节线虫、肾线虫、肺丝虫等，这几种体内寄生虫对猪机体的危害均较大，成虫与猪争夺营养成分，幼虫移行破坏猪的肠壁、肝脏和肺脏的组织结构和生理机能，造成猪日增重减少，抗病力下降等；体外寄生虫主要有螨、虱、蜱、蚊、蝇等，其中以螨虫对猪的危害最大，除干扰猪的正常生活节律、降低饲料报酬和影响猪的生长速度以及猪的整齐度外，而且是猪的乙型脑炎、细小病毒、猪的附红细胞体病等的重要传播者，如果疏于防治，将会给养猪业造成严重的经济损失。

一、猪姜片吸虫病

猪姜片吸虫病是由片形科、片形属的布氏姜片吸虫引起的一种人畜共患病，寄生于猪和人的小肠引起的疾病。主要感染猪和人，偶尔见于犬和兔等动物。

病原体：姜片吸虫，呈扁平的椭圆形，肥厚，形似斜切的姜片状。新鲜虫体肉红色。固定后，为灰白色。长 20～70mm，宽 8～20mm。体表被有小棘，口吸盘位于虫体前端，腹吸盘靠近口吸盘大小为口吸盘的 3～4 倍。

生活史：中间宿主为扁卷螺。

成虫寄生于终末宿主小肠内，产出的虫卵随粪便排出体外。虫卵经 3～7d 孵出毛蚴，毛蚴遇到中间宿主扁卷螺后即侵入体内，发育为胞蚴、雷蚴、子雷蚴、尾蚴。尾蚴离开螺体，在水生植物上形成囊蚴。猪吞食粘有囊蚴的水生植物而感染，囊蚴在十二指肠发育为成虫。

流行病学：该病呈地方性流行，中间宿主扁平螺广泛分布。感染来源主要是患病及带虫的猪和人，虫卵存在粪便中。姜片吸虫繁殖力较强。3～6 月龄的猪最易感染该病，成年猪感染率及发病率较低。

症状：患猪表现为精神沉郁，被毛粗乱无光泽，食欲减退，逐渐消瘦，生长发育迟缓，呈现贫血、消化不良、腹痛、腹泻，粪便中混有黏液，眼结膜苍白，水肿，尤其是以眼睑和腹部水肿更为明显严重感染时，由于虫体大，可机械地堵塞肠道，甚至引起肠破裂或肠套叠而死亡。

诊断：根据流行病学、临诊病状可做出初步诊断，结合粪便检查及剖检等综合判定可确诊。粪便检查用沉淀法或尼龙筛淘洗法。

治疗：敌百虫 100mg/kg，总量不超过 7g。混于少量精料中，早晨空腹饲喂，隔日一次，两次为一疗程。

防制：根据流行病学特点，采取综合性防制措施。

每年 2、6、10 三个月定期驱虫，加强粪便管理，消灭中间宿主。

二、猪囊尾蚴病

猪囊尾蚴病是由带科带属的猪带绦虫的幼虫寄生所引起的疾病。又称为"猪囊虫病"。猪带绦虫只寄生于人的小肠中。寄生在肌肉中症状不明显，寄生在脑时可引起神经机能障碍。

病原体猪囊尾蚴，又称猪囊虫，呈椭圆形，白色半透明的囊泡，囊内充满液体。囊壁上有一个内嵌的头节，头节上有 4 个吸盘。猪带绦虫又称链状带绦虫、钩绦虫，呈乳白色，扁平带状，头节小呈球形，其上有 4 个吸盘。虫卵圆形，浅褐色，两层卵壳，外层薄，易脱落，内层较厚。

生活史

中间宿主：猪。

终末宿主：人。

猪带绦虫寄生于人的小肠中，其孕卵节片不断脱落，随人的粪便排出体外，或孕卵破裂而散出虫卵。猪吞食含有孕卵节片或虫卵的饲料而感染。虫卵或节片经消化液的作用而破裂，六钩蚴逸出，借助小钩作用钻入肠黏膜的血管或淋巴管内，随血流带到猪体的备部组织中，主要在横纹肌内发育为猪囊尾蚴。人吃含有猪囊尾蚴的病肉而感染。猪囊尾蚴在胃液和胆汁的作用下，于小肠内翻出头节，用其小钩和吸盘固着于肠黏膜上，从颈节不断长出体节。最后发育为猪带绦虫。

流行病学

感染来源：患病或带虫的人。

感染途径：经口感染。

感染原因：猪囊蚴属全球性分布，该病呈地方性流行。猪囊尾蚴病的发生和流行与人的粪便管理和猪的饲养管理方式密切相关。人感染猪带绦虫主要取决于饮食卫生习惯和烹调与食肉方法。

症状：猪囊虫病对猪的危害一般不明显，严重感染时表现出营养不良、贫血、水肿、衰竭。大量寄生脑时，可引起严重的神经扰乱，特别是鼻部的触痛，强制运动，癫痫，视觉扰乱和急性脑炎，有时突然死亡。大量寄生于肌肉时可见到肌肉疼痛、跛行等症状。

诊断：根据病史和临床症状等可做出初步诊断，死后检查咬肌、腰肌、肩外侧肌等部位发现囊虫确诊。

治疗：吡喹酮 50mg/kg，共服 3 次；丙硫咪唑 35mg/kg，每日服药 3 次。

三、猪棘球蚴病

猪棘球蚴病是由带科棘球属绦虫的幼虫寄生于猪、牛等哺乳动物及人引起的疾病。成虫寄生于犬科动物小肠中；幼虫可寄生于动物及人的肝脏和肺脏。

病原体：棘球绦虫，为小型虫体，由 1 个头节和 3~4 个节片构成。头节上有 4 个吸盘和 1 个顶突，顶突上有两排小钩。吸盘最后一个节片为孕卵节片。虫卵为圆形，内含六钩蚴。

生活史

中间宿主：猪、牛、羊、野生动物及人。

终末宿主：食肉动物。

发育过程：成虫寄生于犬、狼等肉食动物小肠，孕卵节片脱落随粪便排出体外，污染饲料、饮水，被中间宿主吞食后，六钩蚴在消化道内逸出，钻入肠壁血管内，随血循进入肝脏、肺脏等处，发育为成熟的棘球蚴。当终末宿主吞食含有棘球蚴的脏器后，原头蚴在其小肠内发育为成虫。

流行病学

感染来源：患病或带虫的肉食动物。

感染途径：经口感染。

感染原因：该病属世界性分布，以牧区为多见。藏猪的感染多因直接接触虫卵或通过饲料、饮水误食虫卵而经口感染。

症状：初期症状不明显，严重感染者表现为消瘦，营养不良、呼吸困难，咳嗽，体温升高，腹泻，倒地不起。叩诊浊音区扩大，触诊病畜浊音区表现为疼痛，肝脏体积增大，腹右侧膨大。

诊断：根据病史和临床症状可做出初步诊断，采用皮内变态反应检查法诊断，有较高的检出率。

治疗：丙硫咪唑 35mg/kg，连服两次；吡喹酮 30mg/kg，口服。

四、细颈囊尾蚴病

细颈囊尾蚴病是由带科带属的泡状带绦虫的幼虫寄生于猪、牛、羊等动物的肝脏引起的一种绦虫蚴病。幼虫寄生于猪、牛、羊等的大网膜、肠系膜、肝脏等器官；成虫寄生于犬、狼和狐狸等肉食动物的小肠内。

病原体：泡状带绦虫，大型虫体，乳白色，稍带黄色，体长 1.5~2m，头节有顶突和 26~46 个小钩。主要侵害仔猪。细颈囊尾蚴，俗称水铃铛，呈乳白色，囊泡状，囊内充满透明液体，大小如鸡蛋或更大。囊壁有一个乳白色而具有长颈的头节。虫卵为卵圆形，内含六钩蚴。

生活史

中间宿主：猪、牛、羊。

终末宿主：肉食动物。

发育过程：孕节或虫卵随犬粪排至体外，污染牧草、饲料及饮水，被藏猪、牛、羊等中间宿主吞食，虫卵内的六钩蚴逸出钻入肠壁血管，随血液循环到肝脏实质，并逐渐移行至肝脏表面，进入腹腔内发育。发育为细颈囊尾蚴。犬、狼吞食了含有细颈囊尾蚴的脏器而感染。

流行病学：该病呈世界分布，主要发生的原因与饲养有关。其中以猪最为易感，尤其是仔猪。

感染源：患病的肉食动物。

感染途径：经口感染。

症状：细颈囊尾蚴对仔猪危害较严重。仔猪有时突然大叫然后倒地死亡。大多数幼畜表现为消瘦，虚弱，发育受阻、腹痛、体温升高，有腹水，腹部体积增大。

诊断：生前诊断比较困难，死后剖检在脏器中的囊体发现虫体确诊。

治疗：吡喹酮 80mg/kg；口服。每日 1 次，连用 2d。

预防：应对犬进行定期驱虫；防止犬进入猪圈舍内散布虫卵，污染饲料和饮水；勿将患病动物的脏器喂犬。

五、旋毛虫病

旋毛虫病是由毛形科毛形属的旋毛虫寄生于猪引起的疾病。成虫寄生于哺乳动物小肠内，称肠旋毛虫，幼虫寄生于肌肉组织称肌旋毛虫。

病原体旋毛虫，成虫细小，前部较细，较粗的后部包含着肠管和生殖器官。雄虫长 1.4~1.6mm，尾端有泄殖孔，无交合伞和交合刺。雌虫长 3~4mm，阴门位于身体前部的中央，胎生。

生活史：中间宿主与终末宿主、成虫与幼虫寄生于同一宿主。先为终末宿主，后为中间宿主。宿主包括猪、犬等哺乳动物。发育过程：终末宿主因摄食了含有包囊幼虫的动物肌肉而受感染。包囊在宿主胃内被溶解，幼虫在小肠内发育为成虫。在小肠内雌、雄虫交配后，雄虫死亡。雌虫钻入肠腺或肠黏膜下淋巴间隙产出幼虫，幼虫随淋巴经胸导管、前腔静脉入心脏，然后随血液循环散布到全身，只有到横纹肌的幼虫才能继续发育。感染后形成包囊。

流行病学

感染来源：患病或带虫的藏猪、犬等哺乳动物。

感染途径：经口感染。

感染原因：藏猪感染旋毛虫主要是吞食某些动物排出的含有未被消化的幼虫包囊或有病肉的废弃物喂藏猪都可引起旋毛虫的感染。。

症状：藏猪感染时没有明显的临床症状，严重感染时初期有食欲不振、呕吐和腹泻的肠炎病状；随后出现肌肉疼痛、步伐僵硬，呼吸和吞咽亦有不同程度的障碍，有时眼睑、四肢水肿，很少死亡。

诊断：猪生前诊断比较困难。死后诊断可用肌肉压片法和消化法检查幼虫可确诊。

治疗：可用丙硫咪唑和伊维菌素等。

预防：加强饲养管理，猪舍内做好灭鼠工作。

六、猪后圆线虫病

猪后圆线虫病是由后倒科后圆属的线虫寄生于猪的气管内和肺泡内所引起的一种线虫疾病。由于后圆线虫寄生于猪的肺脏，虫体呈丝状，故又称猪肺线虫病或猪肺丝虫病。主要危害仔猪。

病原体：虫体呈乳白色或灰色，丝状，口囊小，口缘有一对分三叶的侧唇。虫卵椭圆形，外膜略粗糙不平。

生活史

中间宿主：蚯蚓。

终末宿主：猪。

发育过程雌虫在支气管内产卵，卵随痰液或黏液进入口腔而被咽下，在经消化道随粪便排到外界。虫卵在土壤中孵化出第一期幼虫，蚯蚓吞食了第一期幼虫或虫卵而受感染。幼虫经两次蜕皮发育为感染性幼虫。猪吞食带感染性幼虫的蚯蚓或游离出的感染性幼虫即感染。幼虫侵入肠壁或肠淋巴结中蜕变为第四次幼虫，再经淋巴管进入血液，随血流到达肺脏，自肺血管钻入肺泡、细支气管及支气管内蜕变为第五期幼虫进而发育为成虫。

流行病学：该病流行较广泛，其主要与蚯蚓活动和饲养有关，在低湿地区，多雨年份夏季感染严重，呈地方性流行。干旱、冬春季节少有感染。患病藏猪和带虫藏猪是感染源。

症状：轻度感染时，没有明显的症状。严重感染时，藏猪发育不良，阵发性咳嗽，消瘦，呈现营养障碍、呼吸困难，流鼻液。病程长、严重的病例发生呕吐、腹泻，四肢和眼睑部呈现水肿，常形成僵猪。

诊断：根据流行病学、病状、粪便检查可确诊。粪便检查可用饱和盐水漂浮法或沉淀法发现特征性虫卵。

治疗：左咪唑 20mg/kg；丙硫咪唑 15mg/kg；阿维菌素或伊维菌素 0.5mg/kg，均混料饲喂。对肺炎严重的病猪，配合肺炎的治疗方法可提高疗效。

七、猪蛔虫病

猪蛔虫病是蛔科、蛔属的猪蛔虫寄生于猪小肠内引起的疾病。仔猪感染率高，主要特征是仔猪发育不良、严重的发育停滞，甚至引起仔猪死亡。

病原体：猪蛔虫是一种大型虫体。活体为淡红色或淡黄色，死后苍白。虫体呈中间稍粗，两端较细的圆柱形。

生活史：成虫寄生于猪的小肠，雌虫受精后，产出卵随粪便排至体外，在适宜的温度湿度和空气充足环境下，在卵内发育为第一期幼虫，蜕变为第二期幼虫，在经过一段时间发育为感染性卵。藏猪吞食感染性卵后，在小肠内幼虫孵出，钻入肠壁血管，幼虫随血循环到达肝脏，在肝脏内进行第二次蜕化，随血液经肝静脉、后腔静脉进入心脏和肺动脉部穿过肺毛细血管，并进入肺泡。在肺泡内进行第三次蜕化，离开肺泡经细支气管和支气管上行至气管，随痰液进入口腔，咽下后在小肠内发育为成虫。

流行病学：该病流行广泛，仔猪多见，特别是卫生条件差饲养管理不当的猪场和营养不良的猪群中，饲料中缺乏维生素和矿物质时感染率更高。主要原因是蛔虫生活史简单，虫体繁殖力强，产卵数多，卵对外界因素抵抗力强。

症状：藏猪在轻度感染时病状不明显，主要表现消化障碍，食欲不振，营养不良，生长发育受阻。严重病猪表现腹痛、下痢、迅速消瘦，贫血，有时出现神经病状。幼虫移行时造成各组织器官的损伤，移行到肺脏，出现咳嗽病状。蛔虫钻入胆管可引起胆道蛔虫症，病猪剧烈腹痛，发生阻塞性黄疸。成虫寄生时常引起小肠卡他性炎症，大量寄生可阻塞肠道，出现阵发性痉挛性腹痛，甚至造成肠破裂而引起死亡。

诊断：根据临床症状和发病病史即可做出初步诊断。粪便检查发现特征性虫卵确诊。

治疗：丙硫咪唑 20mg/kg，混料喂服；或阿维菌素、伊维菌素 0.3mg/kg，混料饲喂。

八、猪疥螨病

猪疥螨由疥螨科、疥螨属的猪疥螨寄生于藏猪皮肤内所引起的皮肤病（图 9-1）。

病原体：疥螨，虫体呈龟形，背面隆起，腹面扁平，微黄色或灰白色，有四对圆锥形肢，虫体前端是咀嚼型口器。多寄生在藏猪的耳部、背部和体侧的皮肤内。

生活史：猪疥螨的一生都寄生在猪体上，并能世代相继生活在同一宿主体上。雌虫在宿主皮肤内挖凿隧道，以角质层组织和渗出的淋巴液为食，并在此中产卵。卵孵化出幼虫，蜕化变为若虫，再蜕化变为成虫。雄虫交配后死亡。

流行病学：猪介螨病分布广泛，感染来源是患病动物和带虫动物，通过直接接触而感染，也可通过被污染的物品而间接感染。圈舍潮湿，饲养密度过大，皮肤卫生状况不良时容易发病。湿度增高，有利于螨的生长繁殖。

症状：皮肤发生剧烈的痒觉和炎症，表皮角质化，结缔组织增生，皮肤变厚，失去弹性，形成皱褶和龟裂，脱毛处不利于螨的生长发育，便逐渐向四周扩散，使病变不断扩大，甚至蔓延全身。表现烦躁不安，影响采食、休息和消化机能。

诊断：根据流行病学、病状和皮肤刮下物实验室检查即可诊断。

图 9-1　藏猪疥螨

治疗：用5%敌百虫溶液涂擦患部。伊维菌素或阿维菌素0.3mg/kg，颈部皮下注射或口服。

九、猪血虱病

寄生于猪体表是血虱引起以猪体瘙痒为特征的一种寄生虫病。

病原体：虱体扁平而宽，呈椭圆形，灰白色或灰黄色。身体由头、胸、腹三部分组成，胸部有3对粗短足。具刺吸式口器，有一对触角，分五节；卵呈椭圆形，黄白色。

生活史：血虱发育属于不完全变态发育，过程包括卵、若虫和成虫三个阶段。交配后雌虱产卵于动物体表，卵内孵出若虫，若虫经三次蜕皮变为成虫。

流行病学：猪血虱可通过吸血传播，或通过直接接触传播和通过垫草等间接传播，猪血虱繁殖快，一旦有猪感染可迅速传播全群。

　　症状：猪皮肤发痒、骚动不安，影响采食和休息，脱毛、消瘦、食欲不佳，生产力下降，幼年动物发育不良。

　　诊断：在藏猪的体表发现虱体可确诊。

　　防制：加强饲养管理卫生，栏舍保持清洁干燥，光线充足，饲养密度适宜。定期检查。治疗时用 0.1% 敌百虫水溶液或 250mg/L 溴氰菊酯喷洒或药浴；伊维菌素或阿维菌素 0.3mg/kg，颈部皮下注射或口服。

模块10 藏猪常见普通病

任务 10-1　藏猪常见普通病示例

【技术要点】

▎ 一、藏猪阉割术

1. 藏猪公猪的阉割术

藏猪公猪的阉割，以 1 月龄最为适宜。阉割时左侧倒卧保定，术者右手提右后肢距部，左手捏住右侧膝壁部将藏猪左侧卧于地面，随即用左脚踏住猪颈部，右脚踏住猪的尾根，手术常规消毒。左手掌外缘将猪的右后肢压向前方，中指屈曲压在阴囊颈前部，同时用拇指及食指将睾丸固定在阴囊内，使睾丸纵轴与阴囊纵缝平行。右手执刀，切开阴囊及总鞘膜露出睾丸，切断鞘膜韧带露出精索摘除睾丸，创口涂碘酊消毒。

5 月龄以上的公猪需要在地面或手术台上倒卧保定。常规消毒，用手握住阴囊颈部或用纱布条捆住阴囊颈部固定睾丸，在阴囊底部总缝旁 1~2cm 处切开阴囊皮肤及总鞘膜露出睾丸，剪断鞘膜韧带并分离，露出精索，在睾丸上方2~3cm处结扎精索后，切断精索除去睾丸。以同样方法除去另一侧睾丸。精索断端涂碘，阴囊内撒抗生素或消炎粉。

2. 母藏猪阉割术（小挑法）

右侧卧保定，术者中指抵在左侧髂结节上拇指用力按压左侧的腹壁，使拇指与中指的连线与地面垂直，此时，按压部位为手术部位。右手持刀，用拇指、中指和示指控制刀刃的深度，垂直切开皮肤，切口长0.5~1cm，然后用刀柄以45°角斜向前方刺入切口，藏猪嚎叫时，随着腹压升高而适当用力点破腹壁肌肉和腹膜，此时，子宫角也随着腹水涌出。如子宫角不出来，左手拇指继续紧压，右手将刀柄在腹腔内作弧形滑动，并稍扩大切口，在猪嚎叫时腹压加大，子宫角和卵巢便从腹腔涌出切口之外，或以刀柄轻轻引出。然后右手捏住脱出的子宫角及卵巢，轻轻向外拉，然后用左右手的拇指、食指轻轻地轮换往外导，将两侧卵巢和子宫角拉出后，用手指捻挫断子宫体，将两侧卵巢和子宫角一同除去。切口涂碘酊，提起后肢稍稍摆动一下，即可放开。

二、食管阻塞

食管阻塞是食管被食物或异物阻塞的一种严重食管疾病。按阻塞程度分为完全阻塞与不完全阻塞。按阻塞部位分为颈部食管阻塞、胸部食管阻塞。

病因：原发性食管阻塞，多因抢食甘薯、萝卜、马铃薯块茎植物、未拌湿均匀的粉料，咀嚼不充分就忙于吞咽而引起。藏猪采食混有骨头、鱼刺的饲料，亦常发生食管阻塞；因全身麻醉，食管神经功能尚未完全恢复即采食，从而导致阻塞。

继发性食管阻塞，常继发于食管狭窄或食管憩室、食管麻痹、食管炎等疾病。

症状：在采食中突然发病，停止采食，恐惧不安，头颈伸展，张口伸舌，垂头站立，流涎，有饮水或采食的动作，但饮进的水立即从口腔逆出。颈部食管阻塞时，外部触诊可感阻塞物；胸部食管阻塞时，在阻塞部位上方的食管内积满唾液，触诊能感到波动并引起哽噎运动。

诊断：根据病史和大量流涎，呈现吞咽动作等症状，结合食管外部触诊，即可做出正确诊断。

治疗：治疗原则是解除阻塞，疏通食管，消除炎症，加强护理和预防并发症的发生。

解除阻塞疏通食管。常用排除食管阻塞物的方法有挤压法、下送法、打气法等。

挤压法：当阻塞发生与颈前段时，先灌入少量的润滑剂，然后将藏猪横卧保定，用手向咽部挤压，将阻塞物挤压到口腔。

下送法：下送法又称疏导法，即将胃管插入食管内抵住阻塞物，慢慢把阻塞物推入胃中。主要用于胸部食管阻塞。

打水法：当阻塞物是颗粒状或粉状饲料时，可插入胃管，用清水反复冲洗，便把阻塞物溶化、洗出，或者将阻塞物冲下。

手术疗法：当采取上述方法不见效时，应施行手术疗法。

颈部食管阻塞，采用食管切开术取出阻塞物。

预防：加强饲养管理，定时饲喂，防止饥饿；藏猪在饥饿的状态下切勿喂块茎饲料。

三、亚硝酸盐中毒

亚硝酸盐中毒是藏猪采食了过量含有硝酸盐或亚硝酸盐的饲料后引起的一种急性中毒病。临床上表现为皮肤、黏膜发绀，呼吸困难、缺氧、血液酱油色等症状为主的特征。

病因：各种鲜嫩青草、甜菜、马铃薯等块茎植物以及白菜、油菜等叶菜类植物均富含硝酸盐。在重施氮肥或农药的情况下，如大量施用硝酸铵、硝酸钠等盐类，可使菜叶中的硝酸盐含量增加。青绿多汁的饲料堆放过久，特别是经过雨淋或烈日暴晒者，极易产生亚硝酸盐。

症状：中毒病猪在采食含有亚硝酸盐的饲料后在很短的时间内发病。最急性者可能仅稍显不安，站立不稳，即倒地而死。藏猪一次性采食过多的亚硝酸的饲料时表现为：除显示不安外，表现出流涎、腹泻，甚至呕吐等症状。但仍以呼吸困难，肌肉震颤，步态摇晃，皮肤青紫，可视黏膜发绀，躯体末梢部位厥冷。耳尖、尾端的血管中血液量少，呈黑褐红色。肌肉战栗或衰竭倒地，末期出现强直性痉挛。

诊断：根据病史，结合临床症状，可作为诊断的重要依据。

治疗：特效解毒剂是美蓝（亚甲蓝）。标准剂量是 1mg/kg，制成 1% 溶液静脉注射。甲苯胺蓝按 5mg/kg 制成

5%的溶液，静脉注射，也可作肌内或腹腔注射。与维生素 C
联用效果更好。

预防：加强饲养管理，改善青绿饲料的堆放和蒸煮过程。
在接近收割的青饲料不能再施用硝酸盐等化肥、农药，以避
免增高其中硝酸盐或亚硝酸盐的含量。

四、胃肠炎

胃肠炎是胃肠壁表层和深层组织的重剧炎症。临床上很
多胃炎和肠炎往往相继发生或同时发生，故合称为胃肠炎。

病因：原发性胃肠炎的病因有藏猪采食霉败变质饲料或
不洁的饮水或采食了蓖麻、巴豆等有毒植物；采食酸、碱、
砷、汞、铅、磷等有强烈刺激化学物质；气候骤变，畜舍阴
暗潮湿，卫生条件差，动物机体抵抗力下降，容易受到致病
因素侵害，致使胃肠炎的发生。此外滥用抗生素，造成肠道
的菌群失调引起胃肠炎。

继发性胃肠炎，常继发于猪瘟、仔猪副伤寒、猪球虫病、
猪蛔虫等疾病。

症状：体温升高，呼吸、脉搏加快，病畜精神沉郁，食
欲减退或废绝，舌苔重且有口臭。腹泻，粪便稀软呈粥样或
水样，具有腥臭，粪便中混有黏液，血液和脱落的黏膜组织，
有的混有脓液。病的初期，出现呕吐、肠音增强，随后逐渐
减弱甚至消失，随着病情的发展，眼结膜暗红或发绀，眼窝
凹陷，皮肤弹性减退。

慢性胃肠炎，病畜精神不振，衰弱，食欲不定，时好时

坏，挑食；异嗜，往往喜爱舔食沙土、墙壁和粪尿。便秘，或者便秘与腹泻交替，并有轻微腹痛，肠音不整。体温、脉搏、呼吸常无明显改变。

诊断：根据腹泻、粪便中混有黏液或脓性物质等症状结合发病原因，可做出初步诊断。

治疗：治疗原则是消除炎症、清理胃肠、预防脱水、维护心脏功能，解除中毒，增强机体抵抗力。

抑菌消炎：内服诺氟沙星 10mg/kg，或庆大小诺霉素 1~2mg/kg 或环丙沙星 2.0~5mg/kg 等抗菌药物。

清理胃肠：粪干、色暗或排粪迟缓，有大量黏液，气味腥臭者，为促进胃肠内容物排出，减轻自体中毒可以用硫酸钠 100~300g 内服。当病猪 4~5d 未吃食物时，可灌炒面糊或小米汤、麸皮大米粥。开始采食时，应给予易消化的饲料和清洁饮水，然后逐渐转为正常饲养。

预防：搞好饲养管理工作，不用霉败饲料喂家畜，不让动物采食有毒物质和有刺激、腐蚀的化学物质；防止各种应激因素的刺激；搞好畜禽的定期预防接种和驱虫工作。

五、食盐中毒

食盐中毒是在藏猪饮水不足的情况下，过量摄入食盐或含盐饲料而引起以消化紊乱和神经症状为特征的中毒性疾病。

病因：多见于配料疏忽，误投过量食盐或对大块结晶盐未经粉碎和充分拌匀，藏猪一次性食入了大量的食盐后，尤其在缺乏饮水时常引起食盐中毒。

症状：根据病程可分为急性型、亚急性型、慢性型三种。

急性型中毒的病猪表现为：肌肉震颤、昏迷，通常48h之内死亡。

亚急性型中毒的病猪表现为：口黏膜潮红，磨牙、张口呼吸、流涎、视觉和听觉障碍，盲目徘徊，不避障碍、转圈，体温正常。从最初的兴奋很快转为对刺激反应迟钝，后期全身衰弱，肌肉震颤，严重时间歇性癫痫样痉挛发作，出现角弓反张，有时呈强迫性犬坐姿势，直至仰翻倒地不能起立，四肢侧向划动。最后因呼吸衰竭而死亡。

慢性型中毒病又称"水中毒"：主要因长时间的缺水造成，病猪表现为便秘，口渴，食欲减退，体重减轻，体温下降，衰弱。最后引起组织全身性的水肿，出现神经症状，多因衰竭而死亡。

诊断：根据病畜有摄入大量食盐或其他钠盐，同时饮水不足的病史，结合神经和消化机能紊乱的典型症状，可作出初步诊断。

治疗：对初期和轻症中毒病畜，可采用排钠利尿、双价离子等渗溶液输液及对症治疗。发现早期，立即供给足量饮水，以降低胃肠中的食盐浓度或可灌服催吐剂。

预防：限用咸菜水等喂猪，在饲喂含盐分较高的饲料时，应严格控制用量的同时供以充足的饮水。

六、黄曲霉毒素中毒

黄曲霉素主要引起肝细胞变性、坏死、出血，胆管和肝细胞增生。临床上以全身出血，消化机能紊乱，腹水，神经症状等为特征。

病因：黄曲霉毒素主要是黄曲霉和寄生曲霉等产生的有毒代谢产物。黄曲霉和寄生曲霉等广泛存在于自然界中，主要污染玉米、花生、豆类、棉籽、麦类、大米、秸秆等，藏猪吃了含有黄曲霉的饲料而感染。黄曲霉毒素是各种霉菌毒素中最稳定的一种，在通常加热条件下不易破坏。

症状：黄曲霉毒素是一类肝毒物质。中毒后以肝脏损害为主，同时还伴有血管通透性破坏和中枢神经损伤等。病猪主要表现为黄疸、出血、水肿和神经症状。藏猪采食霉败饲料，体温升高，精神沉郁，食欲减退或丧失、口渴、粪便干硬呈球状，表面被覆黏液和血液。可视黏膜苍白，后期黄染。皮肤表面出现紫斑，后肢无力、步态不稳、间歇性抽搐。食欲旺盛、体质健壮的猪发病率较高。多数在临床症状出现前突然死亡。

诊断：根据病史调查，并对饲料样品进行检查，结合临床表现可进行初步诊断。

治疗：发现中毒时，应立即停喂霉败饲料，改喂富含碳水化合物的青绿饲料和高蛋白饲料，减少或不喂含脂肪过多的饲料。及时投服泻剂如硫酸钠，加速胃肠道毒物的排出。同时，采用保肝和止血疗法，可用10%葡萄糖溶液、维生素C、葡萄糖酸钙或10%氯化钙溶液。为了防止继发感染，可应用抗生素制剂，但严禁使用磺胺类药物。

预防：防止饲料发霉是预防饲料被黄曲霉菌及其毒素污染的根本措施。

七、疝

疝是腹腔脏器从自然孔道或病理性破裂孔脱到皮下或其他解剖腔内形成的囊状结构。疝由疝轮（孔）、疝囊、疝内容物构成。根据疝内容物活动不同分为复性疝和嵌闭性疝。内容物不充满时，可由疝孔推送还纳于腔，通常称为可复性疝。因疝内容物与疝囊粘连，疝容物不能还纳于腹腔内叫不可复性疝，或称嵌闭性疝。按照解剖位置可分为：腹壁疝、脐疝、腹股沟阴囊疝。

● （一）脐疝 ●

肠管或网膜经脐孔进入皮下而致，多见于仔猪。一般有先天性和后天性两种。

病因：先天性的引脐孔发于闭锁不全或完全没有闭锁。脐孔异常扩大，同时腹压增大而致病；后天性，因出生后脐孔闭锁不全，另外，因仔猪便秘或激烈跳跃使腹压剧增，可能引起后天性脐疝。

症状：脐孔部出现半圆形柔软的肿胀。触诊用手触摸或还纳疝内容时，通常可还纳入腹腔。此时压迫的手指可明显感知疝孔或疝环的存在，用听诊器听凸出之疝部，有时能听到肠蠕动音。若疝孔发生不可复性，还纳困难时，病畜疼痛不安，呕吐。

治疗

1. 保守疗法

只对疝孔较小的幼龄猪只适用。可用绷带压迫患部。使疝轮缩小，组织增生而治愈。操作方法：病猪停止喂食1~2次，仰卧保定，使疝囊向上，洗净患部，剃毛，待皮肤干燥已将脱出的肠管还纳回腹腔，用绷带固定即可。

2. 手术疗法

术前停食1~2次，仰卧保定，患部剪毛，洗净，消毒，术部用1%普鲁卡因作浸润麻醉。在疝囊基部靠近脐孔处纵向切开皮肤，将腹膜与疝内容物（有时内含网膜及肠管）还纳入腹腔后，对疝孔进行纽扣状缝合，或袋口缝合、结节缝合，对皮肤作结节缝合。对伤口进行局部常规处理，保护绷带。当疝内容物与疝囊粘连时，应小心切开疝囊，手指探检内容物的种类。仔细剥离，防止损伤肠管。切开疝囊若发现肠管已坏死，应截除坏死肠段，行肠管吻合术。手术完成后，病猪应保持清洁卫生，尽量少活动，并饲以易消化之食物。

● （二）腹壁疝 ●

多由钝性外力挫伤腹壁造成腹壁肌肉撕裂而皮肤保持完整性，腹腔内的脏器经过腹肌的破裂孔脱致于皮下引起腹壁疝。这种疝在伤后立即形成，常因肌肉具有张力，脱出的肠管往往被卡住不能返回，形成嵌闭性疝。

症状：腹壁受伤后突然肿胀，触诊时有疼痛且肿胀物柔软有弹性，可摸到疝轮。听诊时有肠蠕动音。皮下组织或肌肉的广泛性炎症、坏死。

治疗：疝孔较小的腹壁疝，可以在发生的早期装压迫绷带，先在患部涂消炎药，然后将疝内容物送回腹腔，把棉垫垫在患部，将竹签压在棉垫上，用绷带将腹腔缠绕固定。也可在疝孔周围皮下部位多点注射95%的乙醇，以诱发局部炎性肿胀加快疝孔闭合。

● （三）腹股沟阴囊疝 ●

因腹股沟缺陷，腹腔内容物通过腹股沟管脱入鞘膜管内，称为腹股沟疝。当腹腔内容物脱入鞘膜腔内称为阴囊疝，当内容物经腹股沟前方腹壁破裂孔脱入阴囊内膜与总鞘之间，称为鞘膜外疝，临床上以阴囊疝最常见。

病因：该病可分为先天性和后天性两种。先天性的原因是由于腹股沟管先天过大，并有遗传性，在仔猪出生时即可见到肿疝。后天性的疝主要由于腹压剧增而引起（如剧烈跳跃、堆挤、暴食）。

症状：疝内容物发生阻塞时，其全身症状加剧，腹股沟疝可单侧发生，也可双侧发生，不严重时常可以还纳入腹腔，此时全身症状也不明显，疝面质地柔软，不胀满，无粘连的感觉。嵌闭性阴囊疝，全身症状明显，食欲废绝、不大便、无小便，腹痛、呕吐等。表面较胀满，并且十分坚硬，有时会大到向后方几乎扩展至阴户。患侧阴囊明显增大，触诊阴囊肿大，发凉，有时会有剧烈疼痛。

治疗：一般采取手术疗法，局部剪毛、消毒及麻醉。先在表面将疝内容物送回腹腔，在肿胀中间切开皮肤，常与腹皱壁平行，钝分离，暴露疝囊，并向腹腔中挤压疝内容物，或抓住疝囊扭转使疝内容物通过疝环回至腹腔。结节缝合切开的腹股沟外环使其密闭。清理创部，撒消炎粉，缝合皮肤，涂碘酊。

八、子宫内膜炎

子宫内膜炎是藏母猪分娩时或产后子宫黏膜出现黏液性或化脓性炎症。

病因：子宫内膜炎主要是产后子宫内膜受损感染而发病，并且常继发于难产、胎衣不下等产科病和一些传染病和寄生虫病，如布氏杆菌病、弧菌病、滴虫病。

症状：根据疾病性质、病程大致分为急性子宫内膜、慢性子宫内膜炎。

急性子宫内膜炎：多发于产后及流产后，全身症状明显，食欲减退或废绝，体温升高、拱背、尿频。阴道中常流出红褐色、灰色或白色带有腥臭的黏液或脓液。

慢性子宫内膜炎：一般由急性病例转变而来，全身症状似有减轻，母猪发情不规律，或能按期发情，屡配不孕，明显消瘦。

诊断：根据临床表现出母猪发情不规律，屡配不孕。阴道中常流出红褐色、灰色或白色带有腥臭的黏液或脓液结合发病原因可做出初步诊断。

治疗：加强饲养管理、消除炎症，防止扩散，促进子宫机能恢复。对怀孕母猪给予适量的运动，饲喂全价饲料，来增强体质及抵抗能力。圈舍保持干燥、清洁。用 0.1% 的高锰酸钾溶液反复冲洗子宫，然后放入青霉素或磺胺类的药物，肌内注射青霉素。

九、流产

流产是破坏了母体与胎儿或胚胎之间的正常孕育关系，而使妊娠中断。胚胎在子宫内被吸收，排出死胎或不足月的活胎，称为流产。

病因：引起流产的原因十分复杂。常继发于某些传染病或寄生虫病和各种疾病可引起流产；胚胎发育、胎水过多、胎膜水肿、胎盘异常榔胎盘绒毛变性、绒毛膜肥大、葡萄胎等可造成流产；母藏猪误食有毒或霉烂或缺乏某些营养物质的饲料，冬季饮冰水等均可引起流产；冲撞、剧烈运动等机械性损伤，引起子宫收缩；母藏猪在怀孕期间使用利尿药物、泻剂和子宫收缩等药物时，引起流产。

症状

隐性流产：常发生于怀孕早期，当怀孕终止时，胚胎的大部分被母体所吸收，大多无临床表现，有时仅偶见阴门流出较多分泌物，或偶带一点儿血丝，见不到胎儿。

小产：排除死亡的胎儿，是常见的一种流产。死胎停滞时排出有变化的死胎儿，包括胎儿干尸化、胎儿浸溶和胎儿腐败气肿。

早产：一般在发生流产前2d乳房、阴唇肿大，乳房可挤出清凉的液体。腹痛、怒责，从阴门流出分泌物或血液。排出不足月的胎儿。

诊断：根据临床症状结合发病原因可做出初步诊断。

治疗：加强饲养管理，防止怀孕母藏猪发生意外的冲撞、拥挤等机械性的刺激。怀孕后饲喂全价饲料。一旦发生流产，应该立即采取保胎措施。子宫颈尚未张开，胎儿仍然活着，肌肉注射黄体酮30mL/次。子宫颈口张开，胎儿进入产道时，用烯雌酚促进子宫进一步张开，同时进一步用催产素促进胎儿的排出。

下　篇
藏猪养殖业经营管理

模块11 藏猪养殖场规划设计

任务 11-1　场址选择的基本要求

【技术要点】

藏猪规模化饲养具有生产效益高、利于产业化开发等优势，逐步成为藏猪养殖业发展的总趋势。在藏猪场的规划设计中首先要确定所属场地的性质，这种养殖场性质可以分为原种藏猪场、祖代藏猪场和商品藏猪场，然后视总体情况确定规模。其原则是：量力而行、分期实施、先做好、后做大。整个步骤为：确定性质和规模→场址选择→饲养工艺设计→藏猪舍建筑→设备选型配套→粪便处理与环保→总体平面规划设计。

一、藏猪饲养工艺设计

饲养工艺是工厂化藏猪养殖场的规划设计核心。是藏猪舍建筑设计的依据，必须因地制宜地制定饲养工艺。

藏猪养殖一般采用一点式饲养工艺，即在一个生产区内按照配种→妊娠→分娩哺乳→保育→生长→育肥的生产程序组成。

一般采用三阶段饲养法："配种妊娠（16 周）→分娩（6周）→保育（8 周）→生长育肥（22 周）"其中"配种妊娠（16 周）→分娩（6 周）"看作一个阶段；保育（8 周）为一个阶段；生长育肥（22 周）为一个阶段。

特点：优点是场地集中，转群管理方便；缺点是易致疫病的水平、垂直传播，不利于疫病防控。

二、场址选择原则

藏猪场场址的选择主要应考虑以下几个方面。

● （一） 规划 ●

藏猪场建设规划应充分考虑当地城市发展规划方案和环保政策之规定，应该将猪场修建在当地城市规划的畜牧生产基地（非禁养区），则可避免以后陷入被动拆迁境地而造成不必要的损失。并且在建场伊始，设计近中远期规划。

● （二） 水、电、交通 ●

一个合理的现代化养猪场，洁净而稳定的水源是必须首先考虑的。同时考虑供电稳定性，应自备小型发电机，以防不测。另外，藏猪场建在交通便利的地点可减少运输成本。即达到"水通、路通、电通"基础建设要求。

具体有：①藏猪场内净污道路要区分，各藏猪舍间以及与场外主要道路要连接、全部要硬化；②消毒措施三级设置，污水处理措施得当；③要合理布置水管，具备变配电间，动力、照明线路；④具备封闭式围墙，场内要绿化。

● （三）卫生防疫 ●

场址应选择在地势高燥、地形开阔、通风良好的地方。同时要远离居民区和医疗机构、屠宰场等场所。保持良好的卫生防疫条件。

● （四）污染防治 ●

藏猪场的粪尿会污染周围环境，造成生态不平衡。所以，场址的选择应考虑远离饮用水源，同时为污水处理留出空间，设计粪污处理场地，最好结合沼气池、鱼塘养殖、果蔬种植及其他等农作物的生产，循环养殖，变废为宝。

三、功能区域规划

工厂化藏猪场总体布局主要从立体卫生防疫体系和生产管理的角度出发，按功能划分为生产区和办公生活区。生产区主要包括：各种生产藏猪舍、隔离舍、消毒间、兽医室、值班室和饲料间等。生产区应与其他区隔离，完全封闭，外来的人员、车辆、物资必须经严格消毒检验方能进入。为了减少污染，可根据当地的常年主导风向，将办公生活区置于上风向或侧风方向。

办公生活区主要包括办公室、职工宿舍、饭堂、运动场等。

● （一）生产区建筑规划 ●

藏猪舍建筑规划设计，首先要按工厂化生产工艺的流程，计算出各生育时期藏猪的饲养数量及所需的围栏数量，再进行平面设计。主要包括各类型藏猪舍、出猪台、粪污处理、饲料间（厂）、兽医室、人员消毒、车辆消毒设施及道路等。主要应注意以下几点：①生产区只设两个出入口，设有人员消毒廊通道和车辆消毒出入通道。②生产区的道路设置为净道（人行道和饲料运输道）和污道（运猪、运粪道），要净污分开不相交，有利于藏猪场防疫。出猪台和集粪池置于围墙边，外来运猪、运粪车不必进入生产区即可操作。③隔离猪舍应远离生产猪舍，且处于常年下风向或侧风向。④粪便污水处理应统一规划，结合实际条件，充分利用。⑤饲料厂如果不在生产区内，可在围墙边设置饲料间，外来车辆将饲料运至饲料间，再由生产区内车辆将饲料运至各藏猪舍。⑥水源、电源应靠近各藏猪舍，方便使用，减少浪费。

● （二）藏猪舍平面设计 ●

根据藏猪栏的数量进行藏猪舍的平面设计。主要原则：①藏猪舍应坐北面南，若受地形限制，朝向可在南偏西5°至南偏东15°之间变化。②全部藏猪舍最好按工艺流程"一"字排列，便于管理和防疫。一般按2~3列设计。③藏猪舍宽度主要是考虑夏季通风降温，藏猪舍舍宽为6.5~10m；藏猪舍长度主要考虑方便排污，各种藏猪舍长短不要相差太大，有利于充分利用土地，一般藏猪舍长度为60m。从通风和防疫的角度出发，藏猪舍之间间隔应为藏猪舍高度的2~2.5倍，一般不少于9m。

● （三）办公生活区建筑规划设计 ●

办公生活区应远离生产区，并且置于优越的位置，还应配套有休闲娱乐等设施。规划要方便对外来人员、车辆的消毒管理。

任务11-2　藏猪养殖圈舍与设备

【技术要点】

一、圈舍设计

● （一）藏猪舍的形式 ●

1. 按屋顶形式分类

藏猪舍有单坡式、双坡式等。单坡式一般跨度小，结构简单，造价低，光照和通风好，适合小规模藏猪场。双坡式一般跨度大，双列猪舍常用该形式，其保温效果好，投资较大。

2. 按围墙结构分类

藏猪舍有开放式、半开放式和封闭式。开放式是三面有墙一面无墙，通风透光好，不保温，造价低。半开放式是三面有墙一面半截墙，保温稍优于开放式。封闭式是四面有墙，又可分为有窗和无窗两种。

3. 按藏猪栏排列分类

藏猪舍有单列式、双列式和多列式。

（二）藏猪舍的基本结构

完整的藏猪舍主要由墙壁、屋顶、地面、门、窗、粪尿沟、隔栏等部分构成。

1. 墙壁

要求坚固、耐用，保温性好。比较理想的墙壁为24cm砖砌墙，要求水泥勾缝，离地0.8~1.0m水泥抹墙面。

2. 屋顶

可以钢架结构支撑系统，彩钢房顶板，保温效果良好。

3. 地板

地板的要求坚固、耐用、渗水良好。比较理想的地板是水泥勾缝平砖式。其次为夯实的三合土地板，三合土要混合均匀，湿度适中，切实夯实。也可以设计各种不同材料做成的漏缝式地板。

4. 粪尿沟

开放式藏猪舍要求设在前墙外面；全封闭、半封闭（冬天扣塑棚）藏猪舍可设在距南墙40cm处，并加盖漏缝地板。粪尿沟的宽度应根据舍内面积设计，至少有30cm宽。漏缝地板的缝隙宽度要求不得大于1.2cm。

5. 门窗

开放式藏猪舍运动场前墙应设有门，高0.8~1.0m，宽0.6m，要求特别结实；半封闭藏猪舍则与运动场的隔墙上开门，高0.8m，宽0.6m；全封闭藏猪舍仅在饲喂通道侧设门，门高 0.8~1.0m，宽 0.6m。通道的门高 1.8m，宽 1.0m。无论哪种藏猪舍都应设后窗。开放式、半封闭式藏猪舍的后窗长与高皆为 40cm，上框距墙顶 40cm；半封闭式中隔墙窗户及全封闭藏猪舍的前窗要尽量大，下框距地应为 1.1m；全封闭藏猪舍的后墙窗户可大小，若条件允许，可装双层玻璃。

6. 藏猪栏

除通栏藏猪舍外，在一般密闭藏猪舍内均需建隔栏。隔栏材料基本上是两种，砖砌墙水泥抹面及钢栅栏。纵隔栏应为固定栅栏，横隔栏可为活动栅栏，以便进行舍内面积的调节。

● （三）藏猪舍类型 ●

藏猪舍的设计与建筑，首先要符合养藏猪生产工艺流程，其次要考虑各自的实际情况。

1. 公藏猪舍

公藏猪舍一般为单列半开放式，内设走廊，外有小运动场。

2. 空怀、妊娠母藏猪舍

空怀、妊娠母猪最常用的一种饲养方式是分组大栏群饲，一般每栏饲养空怀母猪 6~8 头、妊娠母猪 4~6 头。圈栏的结构有实体式、栏栅式、综合式三种，猪圈布置多为单走道双列式。藏猪圈面积一般为 8~10m²，地面坡降不要大于 1/45，地表不要太光滑，以防母猪跌倒。

3. 分娩舍

舍内设有分娩栏，布置多为两列或三列式。舍内温度要求 15~20℃，风速为 0.2m/s，分娩栏位结构也因条件而异。①地面分娩栏：采用单体栏，中间部分是母藏猪限位架，两侧是仔藏猪采食、饮水、取暖等活动的地方。母藏猪限位架的前方是前门，前门上设有食槽和饮水器，供母藏猪采食、饮水，限位架后部有后门，供母藏猪进入及清粪操作。可在栏位后部设漏缝地板，以排出栏内的粪便和污物。②传统小猪圈：主要由围栏墙、猪窝、食槽等组成。

4. 藏猪仔猪保育舍

舍内温度要求 26~30℃，风速为 0.2m/s。可采用网上保育栏，1~2 窝为一栏网上饲养，用自动落料食槽，自由采食。网上培育，减少了仔猪疾病的发生，提高了仔藏猪成活率。

5. 生长育肥舍和后备藏猪舍

这三种藏猪舍均采用大栏地面群养方式，自由采食，其结构形式基本相同，只是在外形尺寸上因饲养头数和藏猪体大小的不同而有所变化。

二、必需设备

选择与藏猪场规模和工艺相适应的先进设备是提高生产水平和经济效益的重要措施。

● （一）藏猪栏 ●

一般藏公猪、空怀藏母猪和配种栏都面积相等。栏高为 1.2~1.4m，面积 6~8m²。

一般有两种：一种是单体栏，另一种是小群栏。单体栏由金属材料焊接而成，一般栏长 1m，栏宽 0.5m，栏高 0.6m。

小群栏的结构可以是混凝土实体结构、栏栅式或综合式结构，不同的是妊娠栏栏高一般 1~1.2m。面积根据每栏饲养头数而定，一般为 8~12m²。

藏仔猪培育栏一般采用金属漏粪地板或塑料漏粪地板。后者的饲养效果一般好于前者。多采用高床网上培育栏，它是由金属漏粪地板、围栏和自动食槽组成。漏粪地板通过支架设在粪沟上或实体水泥地面上，相邻两栏共用一个自动食槽，每栏设一个自动饮水器。这种保育栏能保持床面干燥清洁，减少仔藏猪的发病率，是一种较理想的保育藏猪栏。仔猪保育栏的栏高一般为 0.6m，面积因饲养头数不同而不同。

生长育肥栏有多种形式，其地板多为混凝土结实地面或水泥漏缝地板条，也有采用 1/3 漏缝地板条，2/3 混凝土结实地面。混凝土结实地面一般有 3% 的坡度。栏高一般为 1~1.2m，采用栏栅式结构时，栏栅间距 5~8cm。

（二）饮水设备

藏猪用自动饮水器的种类很多，有鸭嘴式、杯式、乳头式等。目前普遍采用的是鸭嘴式自动饮水器。鸭嘴式藏猪用自动饮水器的结构主要由阀体、阀芯、密封圈、回位弹簧、塞和滤网组成。

（三）饲喂设备

（1）间息添料饲槽。一般藏猪场采用。分为固定饲槽、移动饲槽。一般为水泥浇注固定饲槽，都在隔墙或隔栏的下面，由走廊添料，滑向内侧，便于藏猪采食。

（2）方形自动落料饲槽。方形落料饲槽有单开式和双开式两种。单开式的一面固定在与走廊的隔栏或隔墙上；双开式则安放在两栏的隔栏或隔墙上，自动落料饲槽一般为镀锌铁皮制成，并以钢筋加固，易损坏。

（3）圆形自动落料饲槽。圆形自动落料饲槽用不锈钢制成，较为坚固耐用，底盘也可用铸铁或水泥浇注，适用于高密度、大群体生长育肥藏猪舍。

● （四）藏仔猪保温器 ●

在分娩舍为了满足仔猪对温度的较高要求而设计。如配合保温箱，保温箱通常用水泥、木板或玻璃钢制造。典型的保温箱外形尺寸为长 1m×宽 0.6m×高 0.6m。常用仔藏猪加热器有远红外线辐射板、电热保温板和红外线灯等。

任务 11-2　藏猪养殖环境控制技术

【重点理论】

一、藏猪舍内环境控制措施

当品种、饲料、防疫问题基本解决后，环境对于养猪起决定作用。环境控制主要包括温度、湿度、空气、猪舍卫生、饲养密度等。

● （一）藏猪的热应激及调节 ●

适宜的温度对藏猪的生长发育非常重要。气温过高，影响藏猪的采食和增重，甚至可能导致中暑甚至死亡。高温会造成养藏猪生产效率降低。因此，了解藏猪热应激的产生，采用有效措施来消除或缓解热应激是非常重要的。

1. 从营养学角度调节

在高温环境藏猪采食量低 25%~35%，增加日粮浓度可能摄入较多的营养物质。可以采取在藏猪饲料中添加油脂，提高饲料总能量；或添加足量的维生素和矿物质；或提供体增热少的日粮；或为藏猪提供足量的水；或实行夜间饲喂制度；湿法饲喂和增加饲喂次数。

2. 从环境角度调节

对藏猪体喷水或提供泥水洗浴是一种缓解藏猪的热应激和提高藏猪的生长性能的一种好的方式；经常向地面喷洒凉水、圈外搭凉棚、设置洗浴池、通风、供给充足的饮水等，通过传导和蒸发能缓解热应激，防止中暑。

在特定面积中降低藏猪的饲养密度可以减少热产生，也可以降低动物间的辐射热的产生。有绝热层的房顶可避免房顶温度向藏猪体辐射。另外，搞好绿化也有助于改善藏猪舍环境温度。

● （二）藏猪的冷应激及防制 ●

冬季气温低，用于维持体温的能量增加，使饲料消耗增加，藏猪的增重减慢，采取保温措施，减少维持消耗，是提高冬季饲养效果的关键。

仔猪在出生前2~3周提高妊娠母藏猪的营养水平，以增加仔藏猪的初生重及肝糖水平，提高仔藏猪存活率；妊娠母藏猪在极低温度下能导致自发性流产，因此在妊娠期间必须充足饲喂，以维持母藏猪的体况。使用垫料或提高舍内温度，降低散热。

公藏猪在冷应激期间必须调整公藏猪的饲喂量，饲养在隔热性能良好、铺以垫料、无贼风的环境下效果较好。

● （三）湿度调节 ●

湿度和温度一起发生作用，对藏猪的生产性能有一定影响。如果温度适宜，即使湿度从45%上升到95%对增重也无明显影响。在高温、高湿情况下，藏猪因散热困难，导致食欲下降，采食量显著减少，甚至中暑死亡。而在低温高湿时，藏猪体散热增加，藏猪感觉寒冷，相应藏猪的增重、生长发育减慢。此外，空气湿度过大，有利于病原微生物繁殖，使藏猪抵抗力降低，易患湿疹等皮肤病；如果湿度过小，也会导致藏猪体皮肤干燥、干裂。藏猪舍的湿度一般控制在50%~70%为宜。为了防止藏猪舍潮湿，一般在中午温度较高时，打开门窗，加强通风来排出潮气，如天气阴冷，可在藏猪舍走道或地面撒石灰等来吸收潮气。

创造适宜环境涉及藏猪舍的结构和布局，建筑材料的选用和藏猪舍内环境调控设施配置等。在日常管理工作中注意：冬季关闭门窗，堵住风眼，舍内生火炉或用土暖器加温。炎热季节可以喷水降温或装空调、风扇。

各类藏猪所需最适宜的温、湿度列入下表，供参考。

表 藏猪各饲养阶段适宜温度和湿度

藏猪类别	日龄（d）	温度（℃）	湿度（%）
仔猪	初生	30~32	
	7 日龄以内	27~32	
	14 日龄以内	23~27	
	14~28 日龄	21~23	
	28~35 日龄	23~25	60~75
	35~60 日龄	17~20	
育肥猪		16~19	
公猪	60 日以后	15~18	
妊娠母猪		15~18	

● （四）饲养密度 ●

　　饲养密度是指藏猪舍内藏猪的密集程度，即单位面积所饲养藏猪的数量。饲养密度直接影响藏猪舍内的空气卫生状况，饲养密度大，藏猪散发出来的热量多，舍内温度高，但湿度大，灰尘、微生物和有害气体增多，噪声大。为了防寒和降温，冬季可适当提高饲养密度，夏季可降低密度。饲养密度对藏猪的生长速度有较大影响，密度过大，藏猪过于拥挤，难以安睡，相互间的争斗增加，严重影响增重；密度过小，藏猪舍利用率降低，影响整体经济效益。

　　藏猪的呼吸、排泄以及排泄物、垫料等的腐败分解，使藏猪舍空气中二氧化碳浓度增加，同时产生一定量的氨气、硫化氢等有害气体及臭味。此外藏猪舍空气中含有大量的灰尘和微生物。如果舍内空气潮湿污浊，有害气体、灰尘和微生物含量过高，会严重影响藏猪的食欲、健康和生长，常引起呼吸系统和消化系统疾病。所以，封闭式藏猪舍要经常通风换气，保持舍内空气新鲜。

二、环境卫生控制

卫生环境控制应包括环境消毒、免疫注射、定期驱虫及消除污染（包括舍内外的空气污染、环境污染），环境消毒是切断疾病传染源的根本性措施。

生态环境控制主要是指消灭蚊、蝇、鼠等技术措施。

三、藏猪场环境污染控制

对藏猪场粪尿污物进行无害化处理是养藏猪生产中的一个重要环节。如何有效利用藏猪场的各种废弃物，化害为利，防止造成环境污染，改善和保护环境，促进经济、环境和社会的协调发展，是养藏猪业发展过程中所面临的新问题。在现代养藏猪生产中，把藏猪场各类元素有机结合起来，建成一个高产、优质、高效、低耗的人工无公害生态型藏猪场是十分必要和势在必行的，概括起来可从以下几方面控制藏猪场环境污染。

● （一）规划设计科学 ●

建场时要把藏猪场的环境污染问题作为优先考虑的对象，将排污及配套设施规划在内，充分考虑周围环境对粪污的容纳能力。在场址的选择上，应尽量选择在偏远地区、土地充裕、地势高燥，背风、向阳、水源充足、排水顺畅、治理污染方便的地方；同时最好能与当地的立体农业相互促进，变废为宝，达到生态农业对有机肥的要求，保持藏猪场持续、稳定地发展壮大。

（二）加强饲料安全

饲料安全是畜产品安全的前提和保障。在有条件的养殖场内，最好采用膨化和颗粒饲料加工技术，破坏或抑制饲料中的微生物、抗营养因子及有害物质，改善饲料卫生，提高养分的饲料转化率，减少粪尿排泄量。通过营养学技术，提高藏猪的饲料转化效率，减少排污（粪尿），已成为当前养藏猪生产及营养学研究的一个热点。

（三）注重饲养管理

在生产上为藏猪提供适宜的生长发育环境，合理组群、采用新技术，堆肥处理、固液分离、沼气法处理。及时处理藏猪场粪尿、定期消毒。减少蛆，蝇、蚊、螨等害虫的繁殖，降低藏猪的发病率。多环节的综合治理，采取标本兼治的原则，才能有效地控制和改善养藏猪生产的环境污染问题。

（四）绿化藏猪场环境

绿化可吸收大气中有害、有毒物质，过滤、净化空气。绿化可调节场区气温，改善场区小气候，减少场区灰尘的细菌含量，净化水源。绿化起到隔离作用，有利于防疫，减少疫病的传播机会。

（五）注重相关法律

按规定设计清粪工艺、粪污处理、污染物检测等基本措施。遵循《畜禽养殖业污染防制管理办法》《畜禽养殖业污染物排放标准》《畜禽养殖业污染防制技术规范》，全面兼顾经济效益、社会及生态效益。

四、藏猪场粪尿处理措施

一般工艺流程为：粪尿收集→固液分离→无害化处理→利用排放。

●（一）藏猪粪收集●

藏猪场的清粪方式有手工清粪、刮板清粪和水冲清粪。漏缝地板使藏猪粪很快地漏到地板下面，可以再用刮粪板清粪。这种方式速度快，但机械故障较多。水冲清粪方法虽然干净快速，但用水量大，造成的污水多。当地面倾向排粪沟的坡度为4°~5°时，冲洗液能迅速流入排水沟内。

●（二）粪便转运●

转移藏猪粪的基本方法有两种：即刮粪法和冲洗法。刮粪法可以采用人工或机械刮粪，将相对固态的藏猪粪集小堆积在集粪区发酵，然后送去肥田。刮粪法成本低，但只能处理固态猪粪；冲洗法常用封闭式重力引流式，即在藏猪舍内底设置一定的坡度通向一端的出口，平时出口塞子堵件使舍内粪液积存，在一个生产周期将塞拔掉，在重力作用粪液从出口排放到舍外贮粪池中。再持水枪进行补充性冲洗。对地板以上部分可用高压水枪冲洗后再进行引流。此法一般用于分娩舍和保育舍粪尿处理。

● （三）粪污处理 ●

用化粪池处理粪便有赖于微生物活动，因此，化粪池设计要不断地为有益细菌提供良好的生存环境。大多数化粪池是成本较低的厌氧池。

1. 堆肥形式

固体粪便可采用堆肥的形式加以利用。在粪堆的底层垫有木屑、稻草或麦秸等，用以吸收尿素和废渣。一般经 4~5d 即可使堆肥内温度升高至 60~70℃，2 周即均匀分解，便可以在大田施肥。

2. 粪便的生物能利用

建造规范沼气池，利用藏猪的粪尿生产沼气不但解决了环境污染问题，还可以供生活、生产方面的能源所需。

3. CLBR 反应器技术简介

有机废水复合生物反应器（CLBR）是根据微生态学理论，运用现代生物技术与环境技术研制而成的新型环保处理设备。主要由细菌、放线菌、真菌等多种微生物组成，降解有机质、净化污水。对污泥、废水、禽畜粪便处理和恶臭去除有良好效果。对大肠杆菌、伤寒杆菌、沙门氏菌等致病菌有较强的杀灭效果。有机废水复合生物反应器设备及其组合工艺技术。能够有效地控制畜禽养殖业产生的废水、废渣和恶臭对环境污染的阶段性处理。它具有微生物细胞类型多样性，应用范围广、高效性和设备使用周期长等特点，值得在生产中推广运用。

模块12　藏猪场经营管理

任务 12-1　经营管理内容

【重点理论】

▲ 一、经营管理基本内涵

● （一）含义 ●

　　藏猪养殖场的经营管理就是指全体职工在负责人的领导下，为了实现一定的经营目标，利用行政法律和现代化管理技术等手段，掌握市场信息，对藏猪场生产、销售、分配、内部经济核算等活动进行周密计划、组织和合理控制，在生产过程中搞好劳动协，按照市场经济发展规律，充分有效地分配人力、物力和财力资源，科学决策，合理组织和筹划，实行严格的经济核算，共同完成所规定的生产任务，以最低的成本达到优质高产的目的。

● （二）内容 ●

　　藏猪养殖场的经营管理具体内容包括计划管理、生产管理、劳动管理、技术管理、财务管理和经济活动分析的藏猪养殖场，必须做到对市场全面了解以及能够对未来发展前景进行科学预测，并以此为依据制定养殖场中长期发展规划，包括生产指标、种猪配种、藏猪群周转、藏猪肉产品生产、藏猪场修建、饲料供应、物资供应、利润分配、销售和财务管理等计划。

二、确定原则和依据

在养殖行业中，规模适度效益最高。藏猪养殖场经营规模的确定应着重考虑藏猪群的合理构成、饲料来源、人力资源、资金来源、环保以及产品销路等生产要素的需求程度，并结合企业所在当地实际情况，确定适宜的藏猪养殖规模，从而通过最佳产出率获得最佳经济效益。

（一）藏猪群的合理构成

规模化藏猪养殖场猪群结构、养殖规模是否合理会影响到养殖水平和出栏率。规模化藏猪养殖场首先要确定商品藏猪的生产规模（头数），然后根据其生产规模来确定藏猪群的组成结构。由于藏猪繁殖力低，藏猪养殖过程中仍以公母猪混群饲养，以自然交配为主，公母比例为1∶25适宜。

（二）饲料计划

规模化藏猪养殖场的生产规模确定之后，一定要做好饲料计划，进行购买或生产，不随意更换饲料。一般来说，经营管理方法得当的养殖场，饲料成本应占总成本的60%左右。

● *（三）人力资源* ●

规模化藏猪养殖场必须配备专业的饲养员和具有实际工作经验的兽医人员。饲养员最好具备养猪经历，能很好地贯彻饲养管理制度和疫病防控措施；兽医人员的工作职责是对整个藏猪养殖场的疫病控防，设计防疫程序并监督执行；能对藏猪群健康状况进行评估，能对出现的疫情做出正确判断并提出合理化建议，作为猪场负责人的决策依据。

● *（四）资金来源* ●

资金来源除自筹部分外，应当充分利用国家对农业产业结构调整带来的机遇和优惠政策，及时调整经营和投资战略，积极申请养殖项目投资或引进其他资金。

● *（五）环保* ●

近几年，环保督查越来越严格，尤其是专门针对农业生产领域的《固体废物污染环境防治法》的实施，养殖场因粪污问题被管控、限制、拆迁的现象很是普遍。所以藏猪养殖场必须做到选址合法、手续完备、设施齐全、利用合规及排放达标等基本要求。

● *（六）产品销路* ●

及时掌握市场动态，适时调整生产规模，在保持原有市场的同时，不断加大藏猪肉精深加工产品的开发力度，实现产品多元化，从而开拓新市场。订单是保障藏猪养殖业免受市场波动影响的最理想渠道。如果藏猪养殖行业的订单比例达到80%以上，那么藏猪肉价格波动可能性就小，受到的损失也就少。

任务 12-2　藏猪生产成本核算与经济效益分析

【技术要点】

一、成本核算

● （一）基本概念 ●

藏猪养殖场的成本核算就是对养殖场生产仔猪、出栏商品藏猪、种猪等产品所消耗的产品成本进行计算，得到每个单位产品所消耗的资金总额。在计算成本时要把每项费用支出均摊到每一头藏猪的成本中，才能看出这批藏猪各项费用所占成本的比重。在成本核算的基础上，考察构成成本各项指标的消耗及其增减变化原因，寻找降低成本途径，扩大藏猪养殖场赢利。

● （二）成本构成 ●

成本主要分为以下几方面：

1. 饲料费

饲料费是藏猪养殖场的主要费用，一般占总费用的60%左右，饲料品质直接决定饲料报酬率。另外，饲料费用高低取决于管理者的饲养水平，以及藏猪舍的环境条件等多种因素。

2. 人工费

包括从事一线生产工人工资和技术人员的薪金，以及养老保险金等。

3. 疫病防治费

包括防疫费、治疗费用和防疫部门的动物检疫费。

4. 燃料动力费

包括水电费、取暖费、原料和粪便的运输费。

5. 修理费

主要包括藏猪舍的维修、设备的维修费用。

6. 折旧费

固定资产的折旧按平均年限法计算，房屋折旧年限 20 年，其他的机器设备折旧年限为 10 年，预计净残值率为 10%。摊销费是指对基础公母藏猪群引进时引种费用的摊销，可以列为固定资产进行折旧。

7. 管理费

包括管理人员的工资，差旅费、会务费等。

8. 其他费用

包括藏猪场使用的工具等不能计入固定资产的低值易耗品的费用。

● （三） 收入 ●

收入主要包括销售商品藏猪、藏猪仔猪的收入，另外还有淘汰母藏猪、公藏猪的收入以及藏猪粪的销售收入。

● （四） 利润 ●

利润是其生产经营活动的最终成果，用公式表示为：利润额＝总收入−总成本。

总收入＝年出售商品藏猪、藏猪仔猪售价×销售量+淘汰母藏猪、公藏猪的销售收入+其他收入。

总成本＝单位商品藏猪、藏猪仔猪成本×商品藏猪、藏猪仔猪销售头数。

可以看出，规模化藏猪养殖场经济效益受饲料价格、年出售商品藏猪、藏猪仔猪头数、藏猪售价，生产技术和管理水平等因素制约。其全部费用最终要由生产商品藏猪、藏猪仔猪的销售来兑现。所以藏猪仔猪数和商品藏猪数及它们所分摊的固定成本、饲料成本及非饲料可变成本直接影响藏猪养殖场利润的高低。

二、经济效益分析

藏猪养殖场的经济效益是决定其能否生存和发展的关键因素。因此科学分析其经济效益，清楚地知道盈利或亏损的真正原因，从而做出正确的决策，制订出切实可行的方案，达到盈利的目的是非常重要的。经济效益分析可根据相关报表，采用数学统计方法进行分析，也可根据分析目的、生产特点以及掌握资源的性质和内容，综合多个相关因素进行分析。

头均效益分析法就是用出栏藏猪平均的盈利水平来代表整个藏猪场盈利水平的分析法，是把藏猪养殖场的所有成本费用（藏母猪、藏公猪、后备藏猪的成本费用）都摊到出栏藏猪身上。

出栏藏猪头均利润＝总利润/出栏藏猪总数。

总利润＝总销售收入－总成本。

总销售收入＝销售量（头数）×单价（元/头）。

总成本＝饲料成本＋药物成本＋人工成本＋其他成本。

根据以上简单公式，可以进行藏猪场经济效益分析。

三、提高经济效益的措施

（一）提高生产效率

提高藏母猪生产繁殖性能，增加母猪年产仔藏猪头数，延长繁殖年限以及提高成活率是降低该阶段成本的主要途径。

（二）提高饲料报酬

饲料成本占总成本的比例最大，也是最有挖掘潜力的阶段。料肉比是影响成本高低最显著的因素，料肉比＝消耗饲料的数量/增重数量，料肉比越小饲料的报酬率越高。影响料肉比的因素有生长速度、营养水平、健康状况、饲养环境、遗传潜力、适宜的出栏体重等，诸因素在不同中的影响程度各有差异，但都存在有较大的潜力可挖。

（三）加强医疗保健

提高藏猪群的健康水平能够显著降低饲养成本。影响健康水平的因素有：藏猪群体素质，生物安全保健，保健方案制订执行、环境设备自动化程度及饲养管理水平等。保健方案的制订是根据本场特殊疾病结构而制订的，都必须严格认真执行。不同系统的疾病保健重点也不尽相同，疫苗接种，动物保健和治疗只是保健措施的一个方面，科学的消毒和生物安全管理在整体系统中起着重要作用。

● （四）强化日常管理工作 ●

坚持藏猪养殖场的生产报表制度，熟练掌握生产统计方法，进而科学分析养殖场经济效益。加强养殖场的管理，做好环境控制和消毒工作，改善环境卫生，切断病源传染途径，降低猪群发病率，达到直接降低藏猪场的医疗费用的作用。

稳定职工队伍，改善生活条件；加强职业道德教育和技术培训；改革工资方案和人事制度，人性化管理，发挥职工积极性，力求人员结构的稳定性。

任务 12-3　藏猪的屠宰与分割

【技术要点】

1. 屠宰加工

屠宰加工是把肉用家畜经过刺杀、放血、开膛、去内脏后加工成胴体的一系列过程，是将活体家畜可食体组织转化为肉品的过程。屠宰加工是分割的前处理，屠宰加工条件和卫生检疫也是决定肉品质量安全的保障。

2. 胴体分割

胴体分割是将屠宰后并经兽医卫生检验合格的胴体，按照分割标准及不同部位的组织结构分割成不同规格的肉块，并经冷却、包装后的加工肉产品（图 12-1）。

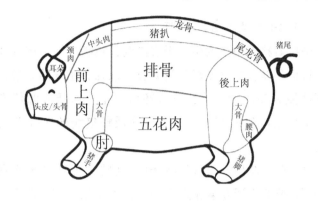

图 12-1　猪肉分割图示

3. 藏猪的屠宰加工

藏猪长期生活在藏区特殊的人文习惯环境中，出栏季节基本上是在藏历十月十五以后出栏宰杀，传统屠宰方法采用绳索勒死或猎杀，煺毛后开膛，胴体不去除头、蹄、皮，以木棍在胸腔部、腹部做支撑，倒挂于阴干处储藏，或将胴体带骨切割成5cm左右的条状，挂于阴干处储藏。藏猪风干后，可在常温下储藏6个月以上不变质。

现在集约化养殖的藏猪屠宰一般采用刺杀放血，放血方法通常采用切断颈部血管法。即刺杀时，刀尖向上，对准第一肋骨咽喉正中心偏右0.5~1cm处向心脏方向刺入，再侧刀下拖切断颈动脉和静脉，不刺破心脏。这种屠宰工艺既操作简便又能保证放血完全良好，目前应用较为广泛。

屠宰后一般要浸烫脱毛（藏猪一般不剥皮），开膛、净膛（雕圈、挑胸、剖腹、拉直肠、割膀胱、取肠、取胃、取内脏、冲洗内腔），去头蹄、劈半，胴体修整（冲洗胴体表面浮毛、血等污物，割乳头、放血刀口、护心油、病变腺体等），检验合格后加盖检验印章。

4. 藏猪胴体的分割

藏猪的胴体分割通常是将半胴体分为肩颈肉、背腰肉、臀腿肉、肋腹肉（花肉）、前颈肉、前臂和小腿肉（肘子）。但藏猪体形较小，可根据当地消费习惯适宜调整分割方法，以满足消费需求（图12-2至图12-4）。

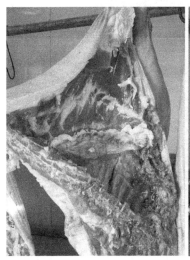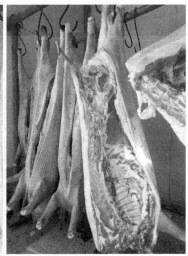

图12-2　藏猪胴体

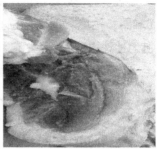

图 12-3　藏猪后腿肉

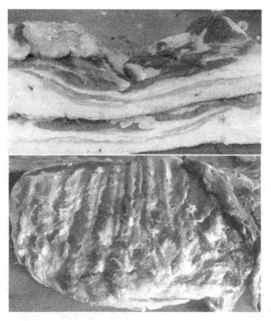

图 12-4　藏猪五花肉、排骨

任务 12-4　藏猪肉的贮藏与保鲜

【重点理论】

1. 猪肉低温保鲜原理

猪肉的低温保鲜是在对组织基本无影响状态下，使猪肉保持低温，抑制微生物活动，降低各种影响肉质品质的酶活性，从而达到贮藏保鲜的目的。低温贮藏与保鲜的方法简便，安全卫生，能够比较好地保持肉色以及组织性状，抑制微生物以及组织酶的生命活动和生物活性，可以较长时间地保证肉的品质。一般来说，冷却猪肉的贮藏时间为 7~14d，冷冻猪肉的贮藏时间为 4~6 个月。

【技术要点】

2. 冷却藏猪肉

冷却藏猪肉是藏猪肉不能及时销售时，存放在 -1~1℃ 冷藏间进行冷藏，一般来说可以和排酸过程同时进行。冷藏间温度要保持相对恒定，不得超出上述冷却冷却温度范围，波动幅度不得超过 0.5℃，冷藏间湿度保持在 90% 左右，空气流速一般控制在 0.5~1.0m/s。

3. 冷冻藏猪肉

冷冻藏猪肉是为了长期贮藏，将屠宰 12h 后的冷却藏猪肉放入冻结间，经过 20~24h 后肉温达到 -18℃ 以下的藏猪肉。一般冻结间的温度在 -23℃ 或更低一点，空气流速在 2~3m/s，相对湿度保持在 92% 左右。

任务12-5 藏猪肉制品开发

【重点理论】

藏猪传统的加工与食用方式极具藏域地方特色，主要有：一是将风干的藏猪肉切片，佐以辣椒酱生食；二是将风干的藏猪肉条，带皮放在铁板或直接置于炉火上烤熟，切片或切块，佐以辣椒酱食用；三是将大块猪肉置于清水中，佐以食盐、藏茴香慢火炖熟后食用；四是灌肠，分为肉肠和血肠2种，将内脏切碎与腔血、糌粑、食盐等混合制作灌肠，可煮食和烤食。

一、藏猪肉产品开发

猪肉终端需求分为：低端安全猪肉（饲料喂食）、中端有机猪肉和高端地方特色猪肉。

藏猪长期生活于无污染、纯天然的高寒山区，具有皮薄、胴体瘦肉率高、肌肉纤维特细、肉质细嫩、野味较浓、适口性极好等特点。可生产酱、卤、烤、烧等多种制品，其中烤乳猪是极受消费者青睐的高档产品。

目前，市场上销售的藏猪肉以热鲜肉、冷冻肉为主。热鲜肉就是现宰现卖，未经任何降温处理的鲜肉，在市场上占有的比例较大，此种肉的缺点是动物宰杀后肉温高，不可能包装，裸肉摊售，成为细菌的温床，污染肉源，且该肉品质下降，肉的硬度增加，干燥缺乏弹性，嫩度降低，风味口感不佳。冷冻肉，通常是把肉在-18℃以下冷冻，食用时再解冻，在这个过程中会造成肉中细胞的破裂和水分的流失，影响肉的口味。

　　适度开发消费者欢迎的藏猪肉肉制品，使藏猪肉产品多元化发展，在提高经济效益的同时可推动特色畜产品精深加工产业发展。

【技术要点】

二、藏猪排酸肉

　　藏猪排酸肉（冷鲜肉），是指严格执行兽医检疫制度，对屠宰后的藏猪胴体迅速进行冷却处理，使胴体温度（以后腿肉中心为测量点）在24h内降为0~4℃，并在后续加工、流通和销售过程中始终保持在0~4℃的生鲜肉品。

三、藏猪肉制品加工

● （一）藏猪肉干 ●

　　藏猪肉肉干是用藏猪的瘦肉经预煮后，经切分、配料、复煮、干制等工序加工而成的一种藏猪肉肉制品。由于辅料和形状不同，品种较多。如根据形状分为条状、颗粒状、片状肉干；根据添加辅料的不同分为五香肉干、麻辣肉干、咖喱肉干等。

● （二）藏猪肉脯 ●

　　藏猪肉肉脯是一种美味可口，耐贮藏、易运输、销售广泛的方便食品。是经冷冻、切片、拌料腌制、烘干、烤熟、切片，成品为酱红色薄片，厚薄均匀，干爽香脆（图 12-5）。

图 12-5　藏猪肉干和肉脯（来自网络）

（三）藏猪腊肉

藏猪腊肉是指用藏猪肉经腌制后再经过柏枝熏制烘烤过程所成，防腐能力强，能延长保存时间，并增添特有的风味，成为别具一格的地方风味食品。藏猪腊肉制品表里一致，煮熟切成片，透明发亮，色泽鲜艳，黄里透红，吃起来味道醇香，肥不腻口，风味独特，营养丰富，还有久放不坏的特点（图 12-6）。

腊肉制作全过程一般分为备料、腌渍、熏制三步。

图 12-6　藏猪腊肉（来自网络）

模块13　藏猪产品营销

任务 13-1　藏猪产品营销模式

【重点理论】

一、传统营销

　　藏猪产品传统的营销方式基本为订单销售，即养殖场和超市、餐厅、生鲜铺等未经过集散市场直接进行交易。这种模式的优点可按照市场形势及时调整生产计划，不会出现滞销，贱卖等现象，对养殖场起到一定的保护作用。缺点是销售渠道单一，对超市、餐厅等依赖度较高，制约养殖场快速发展。

二、电商方式

　　电子商务的基本定义是指在全球各地广泛的商业贸易活动中，在互联网开放的网络环境下，基于浏览器/服务器应用方式，买卖双方不谋面地进行各种商贸活动，实现消费者的网上购物、商户之间的网上交易和在线电子支付以及各种商务活动和相关的综合服务活动的一种新型的商业运营模式。

藏猪产品也要借助电子商务平台，开拓多元化销售渠道，达到营销目标的过程。通过电商模式，养殖场可以更及时、准确地获取消费者信息，从而准确地制订或调整生产计划，并通过网络促进销售，以提高效率、降低成本，获取更大的利益。

【技术要点】

三、电商营销模式

利用电子商务平台发布商品信息，借助当地政府农产品电子商务平台或民营电子商务平台，免费或有偿发布藏猪肉产品信息，成本很低，有利于小微场的运行和发展。下面以借助政府农产品电子商务平台为例，说明操作要领。

1. 搜索农产品电子商务平台

利用搜索引擎，检索"农产品电子商务平台"，一般来讲，应该搜索本地区具有较强影响力的电子商务平台，见到如下窗口。

2. 确定农产品电子商务平台

在众多的农产品电子商务平台中选择一家合适的农产品电子商务平台，本案例选择"青农网"，见下图。

3. 发布藏猪产品信息

选定农产品电子商务平台后，发布藏猪肉产品。为了与客户建立可靠的联系方式，需要养殖户在农产品电子商务平台提供一定的个人信息，进行农产品电子商务平台用户注册。

（1）节约企业成本，一般选择"免费注册"。在网页中

填写养殖户基本信息。

（2）注册成功后，输入用户名和密码登录。当用户单击"注册"按钮成功注册后，需要以会员身份登录网站，然后发布藏猪肉产品信息。

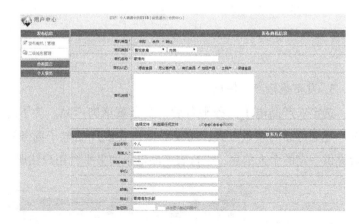

（3）选择"发布商机"，发布藏猪肉产品信息。

4. 利用电子商务平台销售藏猪肉产品

（1）查看网站求购留言。当养殖户在农产品电子商务平台成功发布产品信息后，求购客户会在网页上留言，表明求购意向，留下联系方式等，等待洽谈。

（2）及时更新藏猪肉产品信息。间隔一段时间，养殖户要在农产品电子商务平台上重新填报一次产品信息，包括增加产品种类或价格变动等，以保持网页上的刷新，提高所发布信息的可靠性。

附录1　无公害食品生猪饲养管理准则

1　范围

本标准规定了无公害生猪生产过程中引种、环境、饲养、消毒、免疫、废弃物处理等涉及生猪饲养管理的各环节应遵循的准则。

本标准适用于生产无公害生猪场的饲养与管理。也可供其他养猪场参照执行。

2　规范性引用文件

下列文件中的条款通过本标准的引用而成为本标准的条款。凡是注日期的引用文件，其随后所有的修改单（不包括勘误的内容）或修订版均不适用于本标准，然而，鼓励根据本标准达成协议的各方研究是否可使用这些文件的最新版本。凡是不注日期的引用文件，其最新版本适用于本标准。

GB 8471　猪的饲养标准

GB 16548　畜禽病害肉尸及其产品无害化处理规程

GB 16549　畜禽产地检疫规范

GB 16567　种畜禽调运检疫技术规范

NY/T 388　畜禽场环境质量标准

NY 5027　无公害食品　畜禽饮用水水质

NY 5030　无公害食品　生猪饲养兽药使用准则

NY 5031　无公害食品　生猪饲养兽医防疫准则

NY 5032　无公害食品　生猪饲养饲料使用准则

3　术语和定义

下列术语和定义适用于本标准。

3.1　净道 non-pollution road 猪群周转、饲养员行走、场内运送饲料的专用道路。

3.2　污道 pollution road 粪便等废弃物、外销猪出场的道路。

3.3　猪场废弃物 pig farm waste 主要包括猪粪、尿、污水、病死猪、过期兽药、残余疫苗和疫苗瓶。

3.4　全进全出制 all-in all-out system 同一猪舍单元只饲养同一批次的猪，同批进、出的管理制度。

4　猪场环境与工艺

4.1　猪舍应建在地势高燥、排水良好、易于组织防疫的地方，场址用地应符合当地土地利用规划的要求。猪场周围 3km 无大型化工厂、矿厂、皮革、肉品加工、屠宰场或其他畜牧场污染源。

4.2　猪场距离干线公路、铁路、城镇、居民区和公共场所 1km 以上，猪场周围有围墙或防疫沟，并建立绿化隔离带。

4.3　猪场生产区布置在管理区的上风向或侧风向处，污水粪便处理设施和病死猪处理区应在生产区的下风向或侧风向处。

4.4　场区净道和污道分开，互不交叉。

4.5　推荐实行小单元式饲养，实施"全进全出制"饲养工艺。

4.6　猪舍应能保温隔热，地面和墙壁应便于清洗，并能耐酸、碱等消毒药液清洗消毒。

4.7　猪舍内温度、湿度环境应满足不同生理阶段猪的需求。

4.8　猪舍内通风良好，空气中有毒有害气体含量应符合NY/T 388 要求。

4.9　饲养区内不得饲养其他畜禽动物。

4.10　猪场应设有废弃物储存设施，防止渗漏、溢流、恶臭对周围环境造成污染。

5　引种

5.1　需要引进种猪时，应从具有种藏猪经营许可的种猪场引进，并按照 GB 16567 进行检疫。

5.2　只进行育肥的生产场，引进仔猪时，应首先从达到无公害标准的猪场引进。

5.3　引进的种猪，隔离观察 15～30d，经兽医检查确定为健康合格后，方可供繁殖使用。

5.4　不得从疫区引进种猪。

6　饲养条件

6.1　饲料和饲料添加剂

6.1.1　饲料原料和添加剂应符合 NY 5032 的要求。

6.1.2　在猪的不同生长时期和生理阶段，根据营养需求，配制不同的配合饲料。营养水平不低于 GB 8471 要求，不应给肥育猪使用高铜、高锌日粮，建议参考使用饲养品种的饲养手册标准。

6.1.3　禁止在饲料中额外添加 β-兴奋剂、镇静剂、激素类、砷制剂。

6.1.4　使用含有抗生素的添加剂时，在商品猪出栏前，按有关准则执行休药期。

6.1.5　不使用变质、霉败、生虫或被污染的饲料。不应使用未经无害化处理的泔水、其他畜禽副产品。

6.2　饮水

6.2.1　经常保持有充足的饮水，水质符合 NY 5027 的要求。

6.2.2　经常清洗消毒饮水设备，避免细菌滋生。

6.3　免疫

6.3.1　猪群的免疫符合 NY 5031 的要求。

6.3.2　免疫用具在免疫前后应彻底消毒。

6.3.3　剩余或废弃的疫苗以及使用过的疫苗瓶要做无害化处理，不得乱扔。

6.4　兽药使用

6.4.1　保持良好的饲养管理，尽量减少疾病的发生，减少药物的使用量。

6.4.2　仔猪、生长猪必须治疗时，药物的使用要符合 NY 5030 的要求。

6.4.3　育肥后期的商品猪，尽量不使用药物，必须治疗时，根据所用药物执行停药期，达不到停药期的不能作为无公害生猪上市。

6.4.4　发生疾病的种公猪、种母猪必须用药治疗时，在治疗期或达不到停药期的不能作为食用淘汰猪出售。

7　卫生消毒

7.1　消毒剂　消毒剂要选择对人和猪安全、没有残留毒性、对设备没有破坏、不会在猪体内产生有害积累的消毒剂。选用的消毒剂应符合 NY 5030 的规定。

7.2 消毒方法

7.2.1 喷雾消毒 用一定浓度的次氯酸盐、有机碘混合物、过氧乙酸、新洁尔灭等，用喷雾装置进行喷雾消毒，主要用于猪舍清洗完毕后的喷洒消毒、带猪消毒、猪场道路和周围、进入场区的车辆。

7.2.2 浸液消毒 用一定浓度的新洁尔灭、有机碘混合物或煤酚的水溶液，进行洗手、洗工作服或胶靴。

7.2.3 熏蒸消毒 每立方米用福尔马林（40%甲醛溶液）42mL、高锰酸钾21g，21℃以上温度、70%以上相对湿度，封闭熏蒸24h。甲醛熏蒸藏猪舍应在进藏猪前进行。

7.2.4 紫外线消毒 在猪场入口、更衣室，用紫外线灯照射，可以起到杀菌效果。

7.2.5 喷撒消毒 在猪舍周围、入口、产床和培育床下面撒生石灰或火碱可以杀死大量细菌或病毒。

7.2.6 火焰消毒 用酒精、汽油、柴油、液化气喷灯，在猪栏、猪床猪只经常接触的地方，用火焰依次瞬间喷射，对产房、培育舍使用效果更好。

7.3 消毒制度

7.3.1 环境消毒 猪舍周围环境每2~3周用2%火碱消毒或撒生石灰1次；场周围及场内污水池、排粪坑、下水道出口，每月用漂白粉消毒1次。在大门口、猪舍入口设消毒池，注意定期更换消毒液。

7.3.2 人员消毒 工作人员进入生产区净道和猪舍要经

过洗澡、更衣、紫外线消毒。

严格控制外来人员，必须进生产区时，要洗澡，更换场区工作服和工作鞋，并遵守场内防疫制度，按指定路线行走。

7.3.3　猪舍消毒　每批藏猪只调出后，要彻底清扫干净，用高压水枪冲洗，然后进行喷雾消毒或熏蒸消毒。

7.3.4　用具消毒　定期对保温箱、补料槽、饲料车、料箱、针管等进行消毒，可用 0.1%新洁尔灭或 0.2%~0.5%过氧乙酸消毒，然后在密闭的室内进行熏蒸。

7.3.5　带猪消毒　定期进行带藏猪消毒，有利于减少环境中的病原微生物。可用于带猪消毒的消毒药有：0.1%新洁尔灭，0.3%过氧乙酸，0.1%次氯酸钠。

8　饲养管理

8.1　人员

8.1.1　饲养员应定期进行健康检查，传染病患者不得从事养猪工作。

8.1.2　场内兽医人员不准对外诊疗猪及其他动物的疾病，猪场配种人员不准对外开展猪的配种工作。

8.2　饲喂

8.2.1　饲料每次添加量要适当，少喂勤添，防止饲料污染腐败。

8.2.2　根据饲养工艺进行转群时，按体重大小强弱分群，分别进行饲养，饲养密度要适宜，保证猪只有充足的躺卧空间。

8.2.3　每天打扫藏猪舍卫生，保持料槽、水槽用具干净，地面清洁。经常检查饮水设备，观察猪群健康状态。

8.3 灭鼠、驱虫

8.3.1 定期投放灭鼠药，及时收集死鼠和残余鼠药，并做无害化处理。

8.3.2 选择高效、安全的抗寄生虫药进行寄生虫控制，控制程序符合 NY 5031 的要求。

9 运输

9.1 商品猪上市前，应经兽医卫生检疫部门根据 GB 16549 检疫，并出具检疫证明，合格者方可上市屠宰。

9.2 运输车辆在运输前和使用后要用消毒液彻底消毒。

9.3 运输途中，不应在疫区、城镇和集市停留、饮水和饲喂。

10 病、死猪处理

10.1 需要淘汰、处死的可疑病猪，应采取不会把血液和浸出物散播的方法进行扑杀，传染病猪尸体应按 GB 16548 进行处理。

10.2 猪场不得出售病猪、死猪。

10.3 有治疗价值的病猪应隔离饲养，由兽医进行诊治。

11 废弃物处理

11.1 猪场废弃物处理实行减量化、无害化、资源化原则。

11.2 粪便经堆积发酵后应作农业用肥。

11.3 猪场污水应经发酵、沉淀后才能作为液体肥使用。

12 资料记录

12.1 认真做好日常生产记录，记录内容包括引种、配种、产仔、哺乳、断奶、转群、饲料消耗等。

12.2　种猪要有来源、特征、主要生产性能记录。

12.3　做好饲料来源、配方及各种添加剂使用情况的记录。

12.4　兽医人员应做好免疫、用药、发病和治疗情况记录。

12.5　每批出场的猪应有出场藏猪号、销售地记录，以备查询。

12.6　资料应尽可能长期保存，最少保留2年。

附录2 **安全卫生优质猪肉生产技术操作规程**

一、范围

本标准规定了安全卫生优质猪肉生产过程中饲料、饲料添加剂及兽药的使用，产品加工和包装准则。

本标准适用于养猪场、定点屠宰、畜禽运输及肉类交易市场等安全卫生优质藏猪肉的生产和加工。

二、引用标准

下列标准包含的条文，通过在标准中引用而构成为本标准的条文。在标准出版时，所示版本均为有效，所有标准都会被修订，使用本标准的各方应探讨使用下列标准最新版本的可能性。

GB 5749—1985 生活饮用水标准

GB 7718—1994 食品标签通用标准

GB 7959—1987 粪便无害化卫生标准

GB 9687—1988 食品包装用聚乙烯成型品卫生质量标准

GB 9693—1988 食品包装用聚丙烯树脂卫生标准

GB 11680—1989 食品包装用原纸卫生标准

GB/T 12694—1990 肉类加工厂卫生标准

GB 13078—1991 饲料卫生标准

GB 16548—1996 畜禽病害肉尸及其产品无害化处理规程

GB 16549—1996 畜禽产地检疫规范

GB 16567—1996 种畜禽调运检疫技术规范

GB/T 17236—1998 生猪屠宰操作规程

GB/T 17237—1998 畜类屠宰加工通用技术条件

BG/T 17823—1999 中小型集约化养猪场兽医防疫工作规程

BG/T 17824.1—1999 中小型集约化养猪场建设

BG/T 17824.3—1999 中小型集约化养猪场设备

BG/T 17824.4—1999 中小型集约化养猪场环境参数及环境管理

DB 31/199—1997 污水综合排放标准

DB 31/T252—2000 安全卫生优质农产品（或原料）产地环境标准

三、要求

1　饲养场的选址要求及设施要求

1.1　饲养场的选址应参照 GB 7824.1、GB 17524.4 的规定，符合环境保护和兽医防疫要求，场区布局合理，生产区与生活区严格分开。

1.2　猪饮用水源必须符合 DB 31/T252 中畜禽饮用水质量标准。

1.3 设有粪尿污水处理设施，处理后应符合启 GB 7959 的规定，排放出场的水必须符合 DB 31/199 的有关规定。

1.4 养猪场的设备应符合 GB/T17824.3 的有关规定，设有与生产能力相适应的消毒更衣室、兽医室、资料室、药房等，并配备工作所需的仪器设备。

2 饲养场的防疫要求

2.1 按照《动物防疫法》和 GB l7823、GB l6548 的要求落实兽医防疫工作。

2.2 提倡"全进全出"饲养管理模式，建有隔离猪舍。

2.3 按照市、区（县）畜牧兽医站制订的免疫程序并结合本场实际情况实施免疫接种，接受有关兽医防疫监督机构进行的疫病监测及监督检查。

2.4 饲养插应按照 GB l6549 的规定，接受兽医防疫监督机构定期或不定期组织的对猪群的疫病检疫。

2.5 规范引种程序，引入种猪按照 GB l6567 的有关要求，必须进行隔离饲养并加以疫情监测，经检查确定为健康动物后，方可混群饲养。

2.6 实施灭鼠、灭蚊、灭蝇工作的计划和措施，禁止其他家畜、禽、犬、猫等动物进入场内。

2.7 发现疫情应立即向当地区（县）以上兽医防疫监督机构报告，接受兽医防疫监督机构的指导，尽快控制、疫情，病死猪按 GB l6548 规定进行无害化处理。

3 饲养场工作人员资格和健康要求

3.1 场内畜牧兽医技术人员及饲养员必须经专业培训、考核合格，获得《职业技能资格证书》。

3.2 场内饲养、技术人员每年应进行健康检查，符合《中华人民共和国食品卫生法》第二十六条的规定，在取得《健康证》后方可上岗工作。

4 种猪的质量要求

4.1 种猪场应遵守国务院《种畜禽管理条例》，经验收批准后申领《种畜禽生产经营许可证》。

4.2 种猪应来自非疫区，符合品种要求，血缘清楚，无隐性不良基因支配的遗传性疾患。

4.3 种猪必须不患有萎缩性鼻炎、密螺旋体痢疾、传染性水泡病、猪瘟（包括非洲猪瘟）、口蹄疫、蓝耳病、伪狂犬病、布鲁氏菌病及国务院畜牧兽医行政管理部门规定的其他疫病。

4.4 种猪场必须配合市、区（县）畜牧兽医站对种猪进行的相关疫病的检测工作。

5 饲养场消毒规定

5.1 进出车辆与人员严格消毒。

5.2 场内应建立必要的消毒制度，应定期开展场内外环境消毒、家畜体表喷洒消毒、饮水消毒和全场大消毒等不同消毒方式。

5.3 使用的消毒药应安全、高效、低毒低残留且配制方便，应根据消毒药的特性和场内卫生状况等选用不同的消毒药，以获得最佳消毒效果。

6 兽药使用规定

6.1 饲养场应坚持预防为主、综合防治的原则，通过免疫接种结合其他措施控制传染病的发生。

6.2 严格按照国家有关规定合理使用兽药，严禁使用未经兽医药政部门批准的产品。

6.3 疫苗的运输、贮存、使用应在规定条件下进行。

6.4 饲料药物添加剂的使用严格按照农业部〔1997〕8号文发布的《允许作饲料药物添加剂的兽药品种及使用规定》。

6.5 严禁以下物质用作动物促生长剂：影响生殖的激素（如性激素、促性腺激素及同化激素等）、具有雌激素样作用的物质（如玉米赤霉醇等）、催眠镇静药（如安定、氯丙嗪、安眠酮等）、肾上腺素能药（如异丙肾上腺素、多巴胺、克伦特罗等 p 肾上腺素激动剂）及禁止作动物促生长剂的其他物质。

7 饲料及饲料添加剂使用规则

使用的饲料原料和饲料产品应来源于疫病清净地区，无霉烂变质，来受农药或某些病原体污染，符合 GB l3078 及农业部 105 号公告《允许使用的饲料添加剂品种》。

8 猪肉加工过程质量控制

8.1 生猪及其产品必须来自非疫区，并持有动物产地检疫证等有效证明。

8.2 肉类加工厂应按照 GB 12694、GB/T 17236 及 GB/T 17237 的要求进行屠宰、加工。

8.3 宰后胴体、内脏应根据 1995 年 11 月农业部、卫生部、商业部和对外贸易部联合颁发的《肉晶卫生检验试行规程》进行检验、判断和处理。

9 包装及标签要求

9.1 直接接触猪肉及其产品包装应符合 GB 9687、GB

ll680、GB 炻 93 等有关国家标准。

9.2　标签应符合 GB 7718 的规定。对转基因的猪肉及其产品必须另附说明标签，供消费者在购买时进行选择。

10　标志、贮存和运输要求

10.1　标志

每片猪肉上加盖兽医验讫印戳，字迹必须清晰整齐，印色素须用食品级色素配制。

10.2　贮存

冷却猪肉应吊挂在相对湿度 75%~84%，冷却间温度要求 0~1℃的冷却间，肉体之间保持一定距离；冻猪肉应吊挂在相对湿度 95%~100%，冷却间温度-18℃以下，冷藏间的温度一昼夜升降幅度不超过 1℃，产品贮存保质期为 10~12 个月。

10.3　运输

采用符合食品卫生要求的专用车辆运输。

附录3 **中、小型集约化养猪场环境参数及环境管理**

1 范围

本标准规定了生产无公害生猪所需饲料原料、饲料添加剂、添加剂预混合饲料、浓缩饲料、配合饲料和饲料加工过程的要求、试验方法、检验规则、判定规则、标签、包装、贮藏、运输的规范。

本标准适用于生产无公害生猪所需的商品配合饲料、浓缩饲料、添加剂预混合饲料和生产无公害生猪的养殖场自配饲料。

2 规范性引用文件

下列文件中的条款通过本标准的引用而成为本标准的条款。凡是注日期的引用文件，其随后所有的修改单（不包括勘误的内容）或修订版均不适用于本标准，然而，鼓励根据本标准达成协议的各方研究是否可使用这些文件的最新版本。凡是不注日期的引用文件，其最新版本适用于本标准。

GB/T 6432 饲料中粗蛋白测定方法

GB/T 6436 饲料中钙的测定方法

GB/T 6437 饲料总磷的测定方法光度法

GB/T 8381 饲料中黄曲霉素 B_1 的测定

GB/T 10647 饲料工业通用术语

GB 10648 饲料标签

GB 13078 饲料卫生标准

GB/T 13079 饲料中总砷的测定

GB/T 13080 饲料中铅的测定方法

GB/T 13081 饲料中汞的测定方法

GB/T 13082 饲料中镉的测定方法

GB/T 13083 饲料中氟的测定方法

GB/T 13084 饲料中氰化物的测定方法

GB/T 13085 饲料中亚硝酸盐的测定方法

GB/T 13086 饲料中游离棉酚的测定方法

GB/T 13087 饲料中异硫氰酸酯的测定方法

GB/T 13090 饲料中六六六、滴滴涕的测定

GB/T 13091 饲料中沙门氏菌的检验方法

GB/T 13092 饲料中霉菌的检验方法

GB/T 13093 饲料中细菌总数的测定方法

GB/T 13885 饲料中铁、铜、锰、锌、镁的测定方法 原子吸收光谱法

GB/T 14699.1 饲料采样方法

GB/T 16764 配合饲料企业卫生规范

NY 438 饲料中盐酸克伦特罗的测定 饲料和饲料添加剂管理条例

3　术语和定义

GB/T 10647 中确立的以及下列术语和定义适用于本标准。

3.1　饲料 feed

经工业化加工、制作的供动物食用的饲料，包括单一饲

料、添加剂预混合饲料、浓缩饲料、配合饲料和精料补充料。
[《饲料和饲料添加剂管理条例》第二条]

3.2　饲料添加剂 feed additive

在饲料加工、制作、使用过程中添加的少量或者微量物质，包括营养性添加剂和一般性饲料添加剂。[《饲料和饲料添加剂管理条例》第二条]

3.3　营养性饲料添加剂 nutritive feedadditive

用于补充饲料营养成分的少量或者微量物质，包括饲料级氨基酸、维生素、矿物质微量元素、酶制剂、非蛋白氮等。[《饲料和饲料添加剂管理条例》第三十条]

3.4　一般性饲料添加剂 general feedadditive

为保证或者改善饲料品质、提高饲料利用率而掺入饲料中的少量或者微量物质。[《饲料和饲料添加剂管理条例》第三十条]

3.5　药物饲料添加剂 medical feedadditive

为预防、治疗动物疾病而掺入载体或者稀释剂的兽药的预混物，包括抗球虫药类、驱虫剂类、抑菌促生长类等。[《饲料和饲料添加剂管理条例》第三十条]

3.6　饲料原料 feed stuff

除饲料添加剂以外的用于生产配合饲料和浓缩饲料的单一饲料成分，包括饲料谷物、粮食加工副产品、油脂工业副产品、发酵工业副产品、动物性蛋白质饲料、饲用油脂等。

4　要求

4.1　饲料原料

4.1.1　感官要求：色泽新鲜一致，无发酵、霉变、结块及异味、异嗅。

4.1.2　有害物质及微生物允许量应符合 GB 13078 的规定。

4.1.3　制药工业副产品不应作生藏猪饲料原料。

4.2　营养性饲料添加剂和一般性饲料添加剂。

4.2.1　感官要求：具有该品种应有的色、嗅、味和组织形态特征，无异味、异嗅。

4.2.2　饲料中使用的营养性饲料添加剂和一般性饲料添加剂应是中华人民共和国农业部公布的《允许使用的饲料添加剂品种目录》所规定的品种（附录 A）和取得试生产产品批准文号的新饲料添加剂品种。

4.2.3　饲料中使用的饲料添加剂产品应是具有农业部颁发的饲料添加剂生产许可证的正规企业生产的、具有产品批准文号的产品。

4.2.4　饲料添加剂的使用应遵照饲料标签所规定的用法和用量。

4.3　药物饲料添加剂

4.3.1　药物饲料添加剂的使用应按照中华人民共和国农业部发布的《药物饲料添加剂使用规范》执行。允许在无公害生猪饲料中使用的药物饲料添加剂见附录 B。

4.3.2　无公害生猪饲料中不应添加氨苯砷酸、洛克沙胂等砷制剂类药物饲料添加剂。

4.3.3　使用药物饲料添加剂应严格执行休药期制度。

4.3.4　生猪饲料中不应直接添加兽药。

4.3.5　生猪饲料中不应添加国家严禁使用的盐酸克伦特

罗等违禁药物。

4.4 配合饲料、浓缩饲料和添加剂预混合饲料。

4.4.1 感官要求：色泽一致，无发酵霉变、结块及异味、异嗅。

4.4.2 产品成分分析保证值应符合标签中所规定的含量。

4.4.3 生猪配合饲料中有害物质及微生物允许量应符合GB 13078 的规定。

4.4.4 30kg 体重以下猪的配合饲料中铜的含量应不高于250mg/ks；30~60kg 体重猪的配合饲料中铜的含量应不高于150kg/kg；60kg 体重以上猪的配合饲料中铜的含量应不高于25mg/kg。

4.4.5 浓缩饲料有害物质及微生物允许量和铜的含量按说明书的规定用量，折算成配合饲料中的含量计，不应超过本标准4.4.2 和4.4.3 中的规定。

4.4.6 添加剂预混合饲料中有害物质及微生物允许量见表1。

表1 添加剂预混合饲料中有害物质及微生物
允许量（按日粮中添加比例1%计算）

项目	砷 （以 As 计）	重金属 （以 Pb 计）	沙门氏菌
仔猪、生长肥育猪微量元素预混合饲料，mg/kg	≤10	≤30	不得检出
仔猪、生长肥育猪复合预混合饲料，mg/kg	≤10	≤30	不得检出

4.5 饲料加工过程

4.5.1 饲料企业的工厂设计与设施卫生、工厂卫生管理和生产过程的卫生应符合 GB/T 16764 的要求。

4.5.2 配料

4.5.2.1 应定期对计量设备进行检验和正常维护，以确保其精确性和稳定性，其误差不应大于规定范围。

4.5.2.2 微量和极微量组分应进行预稀释，并且应在专门的配料室内进行。

4.5.2.3 配料室应有专人管理，保持卫生整洁。

4.5.3 混合

4.5.3.1 混合时间，按设备性能应不少于规定时间。

4.5.3.2 混合工序投料应按先大量、后小量的原则进行。投入的微量组分应将其稀释到配料称最大称量的 5% 以上。

4.5.3.3 生产含有药物饲料添加剂的饲料时，应根据药物类型，先生产药物含量低的饲料，再依次生产药物含量高的饲料。

4.5.3.4 同一班次应先生产不添加药物饲料添加剂的饲料，然后生产添加药物饲料添加剂的饲料。为防止加入药物饲料添加剂的饲料产品在生产过程中的交叉污染，在生产不同加入药物添加剂的饲料产品时，对所用的生产设备、工具、容器应进行彻底清理。

4.5.4 留样

4.5.4.1 新接受的饲料原料和各个批次生产的饲料产品均应保留样品。样品密封后留置专用样品 NY 5032—2001 室或样品柜内保存。样品室和样品柜应保持阴凉、干燥。采样方法按 GB/T 14699 执行。

4.5.4.2　留样应设标签，载明饲料品种、生产日期、批次、生产负责人和采样人等事项，并建立档案由专人负责保管。

4.5.4.3　样品应保留至该批产品保质期满后 3 个月。

5　检测方法

5.1　饲料采样方法：按 GB/T 14699 执行。

5.2　盐酸克伦特罗：按 NY 438 执行。

5.3　粗蛋白质：按 GB/T 6432 执行。

5.4　钙：按 GB/T 6436 执行。

5.5　总磷：按 GB/T 6437 执行。

5.6　黄曲霉素 B：按 GB/T 8381 执行。

5.7　总砷：按 GB/T 13079 执行。

5.8　铅：按 GB/T 13080 执行。

5.9　汞：按 GB/T 13081 执行。

5.10　镉：按 GB/T 13082 执行。

5.11　氟：按 GB/T 13083 执行。

5.12　氰化物：按 GB/T 13084 执行。

5.13　亚硝酸盐：按 GB/T 13085 执行。

5.14　游离棉酚：按 GB/T 13086 执行。

5.15　异硫氰酸酯：按 GB/T 13087 执行。

5.16　六六六、滴滴涕：按 GB/T 13090 执行。

5.17　沙门氏菌：按 GB/T 13091 执行。

5.18　霉菌：按 GB/T 13092 执行。

5.19 细菌总数：按 GB/T 13093 执行。

5.20 铜：按 GB/T 13885 执行。

6 检验规则

6.1 感官要求，粗蛋白质、钙和总磷含量为出厂检验项目，其余均为型式检验项目。

6.2 在保证产品质量的前提下，生产厂可根据工艺、设备、配方、原料等的变化情况，自行确定出厂检验的批量。

6.3 试验测定值的双试验相对偏差，按相应标准的规定执行。

6.4 检测与仲裁判定各项指标合格与否时，应考虑允许误差。

7 判定规则

卫生指标、限用药物和违禁药物等为判定合格指标。如检验中有一项指标不符合标准，应重新取样进行复验，复验结果中有一项不合格即判定为不合格。

8 标签、包装、贮存和运输

8.1 标签 商品饲料应在包装物上附有饲料标签，标签应符合 GB 10648 中的有关规定。

8.2 包装

8.2.1 饲料包装应完整，无漏洞，无污染和异味。

8.2.2 包装材料应符合 GB/T 16764 的要求。

8.2.3 包装印刷油墨应无毒，不应向内容物渗漏。

8.2.4 包装物的重复使用应遵守《饲料和饲料添加剂管理条例》的有关规定。

8.3 贮存

8.3.1 饲料的贮存应符合 GB/T 16764 的要求。

8.3.2 不合格和变质饲料应做无害化处理，不应存放在饲料贮存场所内。

8.3.3 饲料贮存场地不应使用化学灭鼠药和杀鸟剂。

8.4 运输

8.4.1 运输工具应符合 GB/T 16764 的要求。

8.4.2 运输作业应防止污染，保持包装的完整性。

8.4.3 不应使用运输畜禽等动物的车辆运输饲料产品。

8.4.4 饲料运输工具和装卸场地应定期清洗和消毒。

附录4 畜禽养殖业污染物排放标准（GB 18596—2001）

前言

为贯彻《环境保护法》《水污染防治法》《大气污染防治法》，控制畜禽养殖业产生的废水、废渣和恶臭对环境的污染，促进养殖业生产工艺和技术进步，维护生态平衡，制定本标准。

本标准适用于集约化、规模化的畜禽养殖场和养殖区，不适用于畜禽散养户。根据养殖规模，分阶段逐步控制，鼓励种养结合和生态养殖，逐步实现全国养殖业的合理布局。

根据畜禽养殖业污染物排放的特点，本标准规定的污染物控制项目包括生化指标、卫生学指标和感观指标等。为推动畜禽养殖业污染物的减量化、无害化和资源化，促进畜禽养殖业干清粪工艺的发展，减少水资源浪费，本标准规定了废渣无害化环境标准。

本标准为首次制定。

本标准由国家环境保护总局科技标准司提出。

本标准由农业部环境保护科研监测所、天津市畜牧局、上海市畜牧办公室、上海市农业科学院环境科学研究所负责起草。

本标准由国家环境保护总局 2001 年 11 月 26 日批准

本标准由国家环境保护总局负责解释。

1 主题内容与适用范围

1.1 主题内容

本标准按集约化畜禽养殖业的不同规模分别规定了水污染物、恶臭气体的最高允许日均排放浓度、最高允许排水量，畜禽养殖业废渣无害化环境标准。

1.2 适用范围

本标准适用于全国集约化畜禽养殖场和养殖区污染物的排放管理，以及这些建设项目环境影响评价、环境保护设施设计、竣工验收及其投产后的排放管理。

1.2.1 本标准适用的畜禽养殖场和养殖区的规模分级，按表1和表2执行。

表1 集约化畜禽养殖场的适用规模（以存栏数计）

类别 规模分级	猪（头） （25kg 以上）	鸡（只）		牛（头）	
		蛋鸡	肉鸡	成年奶牛	肉牛
I 级	≥3 000	≥100 000	≥200 000	≥200	≥400
II 级	500≤Q <3 000	15 000≤Q <100 000	30 000≤Q <200 000	100≤Q <200	200≤Q <400

表2 集约化畜禽养殖区的适用规模（以存栏数计）

类别 规模分级	猪（头） （25kg 以上）	鸡（只）		牛（头）	
		蛋鸡	肉鸡	成年奶牛	肉牛
I 级	≥6 000	≥200 000	≥400 000	≥400	≥800
II 级	3 000≤Q <6 000	100 000≤Q <200 000	200 000≤Q <400 000	200≤Q <400	400≤Q <800

注：Q表示养殖量。

1.2.2　对具有不同畜禽种类的养殖场和养殖区，其规模可将鸡、牛的养殖量换算成猪的养殖量，换算比例为：30 只蛋鸡折算成 1 头猪，60 只肉鸡折算成 1 头猪，1 头奶牛折算成 10 头猪，1 头肉牛折算成 5 头猪。

1.2.3　所有 I 级规模范围内的集约化畜禽养殖场和养殖区，以及 II 级规模范围内且地处国家环境保护重点城市、重点流域和污染严重河网地区的集约化畜禽养殖场和养殖区，自本标准实施之日起开始执行。

1.2.4　其他地区 II 级规模范围内的集约化养殖场和养殖区，实施标准的具体时间可由县级以上人民政府环境保护行政主管部门确定，但不得迟于 2004 年 7 月 1 日。

1.2.5　对集约化养羊场和养羊区，将羊的养殖量换算成猪的养殖量，换算比例为：3 只羊换算成 1 头猪，根据换算后的养殖量确定养羊场或养羊区的规模级别，并参照本标准的规定执行。

2　定义

2.1　集约化畜禽养殖场

指进行集约化经营的畜禽养殖场。集约化养殖是指在较小的场地内，投入较多的生产资料和劳动，采用新的工艺与技术措施，进行精心管理的饲养方式。

2.2　集约化畜禽养殖区

指距居民区一定距离，经过行政区划确定的多个畜禽养殖个体生产集中的区域。

2.3　废渣

指养殖场外排的畜禽粪便、畜禽舍垫料、废饲料及散落的毛羽等固体废物。

2.4 恶臭污染物

指一切刺激嗅觉器官,引起人们不愉快及损害生活环境的气体物质。

2.5 臭气浓度

指恶臭气体(包括异味)用无臭空气进行稀释,稀释到刚好无臭时所需的稀释倍数。

2.6 最高允许排水量

指在畜禽养殖过程中直接用于生产的水的最高允许排放量。

3 技术内容

本标准按水污染物、废渣和恶臭气体的排放分为以下三部分。

3.1 畜禽养殖业水污染物排放标准

3.1.1 畜禽养殖业废水不得排入敏感水域和有特殊功能的水域。排放去向应符合国家和地方的有关规定。

3.1.2 标准适用规模范围内的畜禽养殖业的水污染物排放分别执行表3、表4和表5的规定。

表3 集约化畜禽养殖业水冲工艺最高允许排水量

种类	猪 (m^3/百头·天)		鸡 (m^3/千只·天)		牛 (m^3/百头·天)	
季节	冬季	夏季	冬季	夏季	冬季	夏季
标准值	2.5	3.5	0.8	1.2	20	30

注:废水最高允许排放量的单位中,百头、千只均指存栏数。

春、秋季废水最高允许排放量按冬、夏两季的平均值计算。

表4 集约化畜禽养殖业干清粪工艺最高允许排水量

种类	猪（m³/百头·天）		鸡（m³/千只·天）		牛（m³/百头·天）	
季节	冬季	夏季	冬季	夏季	冬季	夏季
标准值	1.2	1.8	0.5	0.7	17	20

注：废水最高允许排放量的单位中，百头、千只均指存栏数。

春、秋季废水最高允许排放量按冬、夏两季的平均值计算。

表5 集约化畜禽养殖业水污染物最高允许日均排放浓度

控制项目	五日生化需氧量（mg/L）	化学需氧量（mg/L）	悬浮物（mg/L）	氨氮（mg/L）	总磷（以P计）（mg/L）	粪大肠菌群数（个/mL）	蛔虫卵（个/L）
标准值	150	400	200	80	8	10 000	2

3.2 畜禽养殖业废渣无害化环境标准

3.2.1 畜禽养殖业必须设置废渣的固定储存设施和场所，储存场所要有防止粪液渗漏、溢流措施。

3.2.2 用于直接还田的畜禽粪便，必须进行无害化处理。

3.2.3 禁止直接将废渣倾倒入地表水体或其他环境中。畜禽粪便还田时，不能超过当地的最大农田负荷量，避免造成面源污染和地下水污染。

3.2.4 经无害化处理后的废渣，应符合表6的规定。

表6 畜禽养殖业废渣无害化环境标准

控制项目	指标
蛔虫卵	死亡率≥95%
粪大肠菌群数	≤10^5个/kg

3.3 畜禽养殖业恶臭污染物排放标准

3.3.1 集约化畜禽养殖业恶臭污染物的排放执行表7的规定。

表7 集约化畜禽养殖业恶臭污染物排放标准

控制项目	标准值
臭气浓度（无量纲）	70

3.4 畜禽养殖业应积极通过废水和粪便的还田或其他措施对所排放的污染物进行综合利用，实现污染物的资源化。

4 监测

污染物项目监测的采样点和采样频率应符合国家环境监测技术规范的要求。污染物项目的监测方法按表8执行。

表8 畜禽养殖业污染物排放配套监测方法

序号	项目	监测方法	方法来源
1	生化需氧（BOD$_5$）	稀释与接种法	GB 7488-87
2	化学需氧（COD$_{cr}$）	重铬酸钾法	GB 11914-89
3	悬浮物（SS）	重量法	GB 11901-89
4	氨氮（NH$_3$-N）	钠氏试剂比色法水杨酸分光光度法	GB 7479-87 GB 7481-87
5	总P（以P计）	钼蓝比色法	（1）
6	粪大肠菌群数	多管发酵法	GB 5750-85
7	蛔虫卵	吐温-80柠檬酸缓冲液离心沉淀集卵法	（2）
8	蛔虫卵死亡率	堆肥蛔虫卵检查法	GB 7959-87
9	寄生虫卵沉降率	粪稀蛔虫卵检查法	GB 7959-87
10	臭气浓度	三点式比较臭袋法	GB 14675

注：分析方法中，未列出国标的暂时采用下列方法，待国家标准方法颁布后执行国家标准。

（1）水和废水监测分析方法（第三版），中国环境科学出版社，1989。

（2）卫生防疫检验，上海科学技术出版社，1964。

5　标准的实施

5.1　本标准由县级以上人民政府环境保护行政主管部门实施统一监督管理。

5.2　省、自治区、直辖市人民政府可根据地方环境和经济发展的需要，确定严于本标准的集约化畜禽养殖业适用规模，或制定更为严格的地方畜禽养殖业污染物排放标准，并报国务院环境保护行政主管部门备案。

附录5 部分兽药停药期规定

兽药名称	执行标准	停药期
乙酰甲喹片	兽药规范 1992 版	牛、猪 35 日
二氢吡啶	部颁标准	牛、肉鸡 7 日，弃奶期 7 日
二硝托胺预混剂	兽药典 2000 版	鸡 3 日，产蛋期禁用
土霉素片	兽药典 2000 版	牛、羊、猪 7 日，禽 5 日，弃蛋期 2 日，弃奶期 3 日
土霉素注射液	部颁标准	牛、羊、猪 28 日，弃奶期 7 日
马杜霉素预混剂	部颁标准	鸡 5 日，产蛋期禁用
双甲脒溶液	兽药典 2000 版	牛、羊 21 日，猪 8 日，弃奶期 48h，禁用于产奶羊
巴胺磷溶液	部颁标准	羊 14 日
水杨酸钠注射液	兽药规范 1965 版	牛 0 日，弃奶期 48h
四环素片	兽药典 1990 版	牛 12 日、猪 10 日、鸡 4 日，产蛋期禁用，产奶期禁用
甲砜霉素片	部颁标准	28 日，弃奶期 7 日
甲砜霉素散	部颁标准	28 日，弃奶期 7 日，鱼 500 度日
甲基前列腺素 F2a 注射液	部颁标准	牛 1 日，猪 1 日，羊 1 日
甲硝唑片	兽药典 2000 版	牛 28 日
甲磺酸达氟沙星注射液	部颁标准	猪 25 日
甲磺酸达氟沙星粉	部颁标准	鸡 5 日，产蛋鸡禁用
甲磺酸达氟沙星溶液	部颁标准	鸡 5 日，产蛋鸡禁用

（续表）

兽药名称	执行标准	停药期
甲磺酸培氟沙星可溶性粉	部颁标准	28 日，产蛋鸡禁用
甲磺酸培氟沙星注射液	部颁标准	28 日，产蛋鸡禁用
甲磺酸培氟沙星颗粒	部颁标准	28 日，产蛋鸡禁用
亚硒酸钠维生素 E 注射液	兽药典 2000 版	牛、羊、猪 28 日
亚硒酸钠维生素 E 预混剂	兽药典 2000 版	牛、羊、猪 28 日
亚硫酸氢钠甲萘醌注射液	兽药典 2000 版	0 日
伊维菌素注射液	兽药典 2000 版	牛、羊 35 日，猪 28 日，泌乳期禁用
吉他霉素片	兽药典 2000 版	猪、鸡 7 日，产蛋期禁用
吉他霉素预混剂	部颁标准	猪、鸡 7 日，产蛋期禁用
地西泮注射液	兽药典 2000 版	28 日
地克珠利预混剂	部颁标准	鸡 5 日，产蛋期禁用
地克珠利溶液	部颁标准	鸡 5 日，产蛋期禁用
地美硝唑预混剂	兽药典 2000 版	猪、鸡 28 日，产蛋期禁用
地塞米松磷酸钠注射液	兽药典 2000 版	牛、羊、猪 21 日，弃奶期 3 日
安乃近片	兽药典 2000 版	牛、羊、猪 28 日，弃奶期 7 日
安乃近注射液	兽药典 2000 版	牛、羊、猪 28 日，弃奶期 7 日
安钠咖注射液	兽药典 2000 版	牛、羊、猪 28 日，弃奶期 7 日
那西肽预混剂	部颁标准	鸡 7 日，产蛋期禁用
吡喹酮片	兽药典 2000 版	28 日，弃奶期 7 日
芬苯哒唑片	兽药典 2000 版	牛、羊 21 日，猪 3 日，弃奶期 7 日
芬苯哒唑粉（苯硫苯咪唑粉剂）	兽药典 2000 版	牛、羊 14 日，猪 3 日，弃奶期 5 日
苄星邻氯青霉素注射液	部颁标准	牛 28 日，产犊后 4 天禁用，泌乳期禁用
阿司匹林片	兽药典 2000 版	0 日

（续表）

兽药名称	执行标准	停药期
阿苯达唑片	兽药典 2000 版	牛 14 日，羊 4 日，猪 7 日，禽 4 日，弃奶期 60h
阿莫西林可溶性粉	部颁标准	鸡 7 日，产蛋鸡禁用
阿维菌素片	部颁标准	羊 35 日，猪 28 日，泌乳期禁用
阿维菌素注射液	部颁标准	羊 35 日，猪 28 日，泌乳期禁用
阿维菌素粉	部颁标准	羊 35 日，猪 28 日，泌乳期禁用
阿维菌素胶囊	部颁标准	羊 35 日，猪 28 日，泌乳期禁用
阿维菌素透皮溶液	部颁标准	牛、猪 42 日，泌乳期禁用
乳酸环丙沙星可溶性粉	部颁标准	禽 8 日，产蛋鸡禁用
乳酸环丙沙星注射液	部颁标准	牛 14 日，猪 10 日，禽 28 日，弃奶期 84h
乳酸诺氟沙星可溶性粉	部颁标准	禽 8 日，产蛋鸡禁用
注射用三氮脒	兽药典 2000 版	28 日，弃奶期 7 日
注射用苄星青霉素（注射用苄星青霉素 G)	兽药规范 78 版	牛、羊 4 日，猪 5 日，弃奶期 3 日
注射用乳糖酸红霉素	兽药典 2000 版	牛 14 日，羊 3 日，猪 7 日，弃奶期 3 日
注射用苯巴比妥钠	兽药典 2000 版	28 日，弃奶期 7 日
注射用苯唑西林钠	兽药典 2000 版	牛、羊 14 日，猪 5 日，弃奶期 3 日
注射用青霉素钠	兽药典 2000 版	0 日，弃奶期 3 日
注射用青霉素钾	兽药典 2000 版	0 日，弃奶期 3 日
注射用氨苄青霉素钠	兽药典 2000 版	牛 6 日，猪 15 日，弃奶期 48h
注射用盐酸土霉素	兽药典 2000 版	牛、羊、猪 8 日，弃奶期 48h
注射用盐酸四环素	兽药典 2000 版	牛、羊、猪 8 日，弃奶期 48h
注射用酒石酸泰乐菌素	部颁标准	牛 28 日，猪 21 日，弃奶期 96h

（续表）

兽药名称	执行标准	停药期
注射用喹嘧胺	兽药典 2000 版	28 日，弃奶期 7 日
注射用氯唑西林钠	兽药典 2000 版	牛 10 日，弃奶期 2 日
注射用硫酸双氢链霉素	兽药典 1990 版	牛、羊、猪 18 日，弃奶期 72h
注射用硫酸卡那霉素	兽药典 2000 版	28 日，弃奶期 7 日
注射用硫酸链霉素	兽药典 2000 版	牛、羊、猪 18 日，弃奶期 72h
环丙氨嗪预混剂（1%）	部颁标准	鸡 3 日
苯丙酸诺龙注射液	兽药典 2000 版	28 日，弃奶期 7 日
苯甲酸雌二醇注射液	兽药典 2000 版	28 日，弃奶期 7 日
复方水杨酸钠注射液	兽药规范 1978 版	28 日，弃奶期 7 日
复方甲苯咪唑粉	部颁标准	鳗 150 度日
复方阿莫西林粉	部颁标准	鸡 7 日，产蛋期禁用
复方氨苄西林片	部颁标准	鸡 7 日，产蛋期禁用
复方氨苄西林粉	部颁标准	鸡 7 日，产蛋期禁用
复方氨基比林注射液	兽药典 2000 版	28 日，弃奶期 7 日
复方磺胺对甲氧嘧啶片	兽药典 2000 版	28 日，弃奶期 7 日
复方磺胺对甲氧嘧啶钠注射液	兽药典 2000 版	28 日，弃奶期 7 日
复方磺胺甲噁唑片	兽药典 2000 版	28 日，弃奶期 7 日
复方磺胺氯哒嗪钠粉	部颁标准	猪 4 日，鸡 2 日，产蛋期禁用
复方磺胺嘧啶钠注射液	兽药典 2000 版	牛、羊 12 日，猪 20 日，弃奶期 48h
枸橼酸乙胺嗪片	兽药典 2000 版	28 日，弃奶期 7 日
枸橼酸哌嗪片	兽药典 2000 版	牛、羊 28 日，猪 21 日，禽 14 日
氟苯尼考注射液	部颁标准	猪 14 日，鸡 28 日，鱼 375 度日
氟苯尼考粉	部颁标准	猪 20 日，鸡 5 日，鱼 375 度日
氟苯尼考溶液	部颁标准	鸡 5 日，产蛋期禁用

（续表）

兽药名称	执行标准	停药期
氟胺氰菊酯条	部颁标准	流蜜期禁用
氢化可的松注射液	兽药典 2000 版	0 日
氢溴酸东莨菪碱注射液	兽药典 2000 版	28 日，弃奶期 7 日
洛克沙肿预混剂	部颁标准	5 日，产蛋期禁用
恩诺沙星片	兽药典 2000 版	鸡 8 日，产蛋鸡禁用
恩诺沙星可溶性粉	部颁标准	鸡 8 日，产蛋鸡禁用
恩诺沙星注射液	兽药典 2000 版	牛、羊 14 日，猪 10 日，兔 14 日
恩诺沙星溶液	兽药典 2000 版	禽 8 日，产蛋鸡禁用
氧阿苯达唑片	部颁标准	羊 4 日
氧氟沙星片	部颁标准	28 日，产蛋鸡禁用
氧氟沙星可溶性粉	部颁标准	28 日，产蛋鸡禁用
氧氟沙星注射液	部颁标准	28 日，弃奶期 7 日，产蛋鸡禁用
氧氟沙星溶液（碱性）	部颁标准	28 日，产蛋鸡禁用
氨苯肿酸预混剂	部颁标准	5 日，产蛋鸡禁用
氨茶碱注射液	兽药典 2000 版	28 日，弃奶期 7 日
海南霉素钠预混剂	部颁标准	鸡 7 日，产蛋期禁用
烟酸诺氟沙星可溶性粉	部颁标准	28 日，产蛋鸡禁用
烟酸诺氟沙星注射液	部颁标准	28 日
烟酸诺氟沙星溶液	部颁标准	28 日，产蛋鸡禁用
盐酸二氟沙星片	部颁标准	鸡 1 日
盐酸二氟沙星注射液	部颁标准	猪 45 日
盐酸二氟沙星粉	部颁标准	鸡 1 日
盐酸二氟沙星溶液	部颁标准	鸡 1 日
盐酸大观霉素可溶性粉	兽药典 2000 版	鸡 5 日，产蛋期禁用
盐酸左旋咪唑	兽药典 2000 版	牛 2 日，羊 3 日，猪 3 日，禽 28 日，泌乳期禁用

（续表）

兽药名称	执行标准	停药期
盐酸左旋咪唑注射液	兽药典 2000 版	牛 14 日，羊 28 日，猪 28 日，泌乳期禁用
盐酸多西环素片	兽药典 2000 版	28 日
盐酸异丙嗪片	兽药典 2000 版	28 日
盐酸异丙嗪注射液	兽药典 2000 版	28 日，弃奶期 7 日
盐酸沙拉沙星可溶性粉	部颁标准	鸡 0 日，产蛋期禁用
盐酸沙拉沙星注射液	部颁标准	猪 0 日，鸡 0 日，产蛋期禁用
盐酸沙拉沙星溶液	部颁标准	鸡 0 日，产蛋期禁用
盐酸沙拉沙星片	部颁标准	鸡 0 日，产蛋期禁用
盐酸林可霉素片	兽药典 2000 版	猪 6 日
盐酸林可霉素注射液	兽药典 2000 版	猪 2 日
盐酸环丙沙星、盐酸小檗碱预混剂	部颁标准	500 度日
盐酸环丙沙星可溶性粉	部颁标准	28 日，产蛋鸡禁用
盐酸环丙沙星注射液	部颁标准	28 日，产蛋鸡禁用
盐酸苯海拉明液射液	兽药典 2000 版	28 日，弃奶期 7 日
盐酸洛美沙星片	部颁标准	28 日，弃奶期 7 日，产蛋鸡禁用
盐酸洛美沙星可溶性粉	部颁标准	28 日，产蛋鸡禁用
盐酸洛美沙星注射液	部颁标准	28 日，弃奶期 7 日
盐酸氨丙啉、乙氧酰胺苯甲酯、磺胺喹噁啉预混剂	兽药典 2000 版	鸡 10 日，产蛋鸡禁用
盐酸氨丙啉、乙氧酰胺苯甲酯预混剂	兽药典 2000 版	鸡 3 日，产蛋期禁用
盐酸氯丙嗪片	兽药典 2000 版	28 日，弃奶期 7 日
盐酸氯丙嗪注射液	兽药典 2000 版	28 日，弃奶期 7 日
盐酸氯苯胍片	兽药典 2000 版	鸡 5 日，兔 7 日，产蛋期禁用
盐酸氯苯胍预混剂	兽药典 2000 版	鸡 5 日，兔 7 日，产蛋期禁用
盐酸氯胺酮注射液	兽药典 2000 版	28 日，弃奶期 7 日

（续表）

兽药名称	执行标准	停药期
盐酸赛拉唑注射液	兽药典 2000 版	28 日，弃奶期 7 日
盐酸赛拉嗪注射液	兽药典 2000 版	牛、羊 14 日，鹿 15 日
盐霉素钠预混剂	兽药典 2000 版	鸡 5 日，产蛋期禁用
诺氟沙星、盐酸小檗碱预混剂	部颁标准	500 度日
酒石酸吉他霉素可溶性粉	兽药典 2000 版	鸡 7 日，产蛋期禁用
酒石酸泰乐菌素可溶性粉	兽药典 2000 版	鸡 1 日，产蛋期禁用
维生素 B_{12} 注射液	兽药典 2000 版	0 日
维生素 B_1 片	兽药典 2000 版	0 日
维生素 B_1 注射液	兽药典 2000 版	0 日
维生素 B_2 片	兽药典 2000 版	0 日
维生素 B_2 注射液	兽药典 2000 版	0 日
维生素 B_6 片	兽药典 2000 版	0 日
维生素 B_6 注射液	兽药典 2000 版	0 日
维生素 C 片	兽药典 2000 版	0 日
维生素 C 注射液	兽药典 2000 版	0 日
维生素 C 磷酸酯镁、盐酸环丙沙星预混剂	部颁标准	500 度日
维生素 D_3 注射液	兽药典 2000 版	28 日，弃奶期 7 日
维生素 E 注射液	兽药典 2000 版	牛、羊、猪 28 日
维生素 K_1 注射液	兽药典 2000 版	0 日
喹乙醇预混剂	兽药典 2000 版	猪 35 日，禁用于禽、鱼、35kg 以上的藏猪
奥芬达唑片（苯亚砜哒唑）	兽药典 2000 版	牛、羊、猪 7 日，产奶期禁用
普鲁卡因青霉素注射液	兽药典 2000 版	牛 10 日，羊 9 日，猪 7 日，弃奶期 48h
氯羟吡啶预混剂	兽药典 2000 版	鸡 5 日，兔 5 日，产蛋期禁用

（续表）

兽药名称	执行标准	停药期
氯氰碘柳胺钠注射液	部颁标准	28 日，弃奶期 28 日
氯硝柳胺片	兽药典 2000 版	牛、羊 28 日
氰戊菊酯溶液	部颁标准	28 日
硝氯酚片	兽药典 2000 版	28 日
硝碘酚腈注射液（克虫清）	部颁标准	羊 30 日，弃奶期 5 日
硫氰酸红霉素可溶性粉	兽药典 2000 版	鸡 3 日，产蛋期禁用
硫酸卡那霉素注射液（单硫酸盐）	兽药典 2000 版	28 日
硫酸安普霉素可溶性粉	部颁标准	猪 21 日，鸡 7 日，产蛋期禁用
硫酸安普霉素预混剂	部颁标准	猪 21 日
硫酸庆大 - 小诺霉素注射液	部颁标准	猪、鸡 40 日
硫酸庆大霉素注射液	兽药典 2000 版	猪 40 日
硫酸黏菌素可溶性粉	部颁标准	7 日，产蛋期禁用
硫酸黏菌素预混剂	部颁标准	7 日，产蛋期禁用
硫酸新霉素可溶性粉	兽药典 2000 版	鸡 5 日，火鸡 14 日，产蛋期禁用
越霉素 A 预混剂	部颁标准	猪 15 日，鸡 3 日，产蛋期禁用
碘硝酚注射液	部颁标准	羊 90 日，弃奶期 90 日
碘醚柳胺混悬液	兽药典 2000 版	牛、羊 60 日，泌乳期禁用
精制马拉硫磷溶液	部颁标准	28 日
精制敌百虫片	兽药规范 1992 版	28 日
蝇毒磷溶液	部颁标准	28 日
醋酸地塞米松片	兽药典 2000 版	马、牛 0 日
醋酸泼尼松片	兽药典 2000 版	0 日
醋酸氟孕酮阴道海绵	部颁标准	羊 30 日，泌乳期禁用
醋酸氢化可的松注射液	兽药典 2000 版	0 日

（续表）

兽药名称	执行标准	停药期
磺胺二甲嘧啶片	兽药典 2000 版	牛 10 日，猪 15 日，禽 10 日
磺胺二甲嘧啶钠注射液	兽药典 2000 版	28 日
磺胺对甲氧嘧啶，二甲氧苄氨嘧啶片	兽药规范 92 版	28 日
磺胺对甲氧嘧啶、二甲氧苄氨嘧啶预混剂	兽药典 90 版	28 日，产蛋期禁用
磺胺对甲氧嘧啶片	兽药典 2000 版	28 日
磺胺甲噁唑片	兽药典 2000 版	28 日
磺胺间甲氧嘧啶片	兽药典 2000 版	28 日
磺胺间甲氧嘧啶钠注射液	兽药典 2000 版	28 日
磺胺脒片	兽药典 2000 版	28 日
磺胺喹噁啉、二甲氧苄氨嘧啶预混剂	兽药典 2000 版	鸡 10 日，产蛋期禁用
磺胺喹噁啉钠可溶性粉	兽药典 2000 版	鸡 10 日，产蛋期禁用
磺胺氯吡嗪钠可溶性粉	部颁标准	火鸡 4 日、肉鸡 1 日，产蛋期禁用
磺胺嘧啶片	兽药典 2000 版	牛 28 日
磺胺嘧啶钠注射液	兽药典 2000 版	牛 10 日，羊 18 日，猪 10 日，弃奶期 3 日
磺胺噻唑片	兽药典 2000 版	28 日
磺胺噻唑钠注射液	兽药典 2000 版	28 日
磷酸左旋咪唑片	兽药典 90 版	牛 2 日，羊 3 日，猪 3 日，禽 28 日，泌乳期禁用
磷酸左旋咪唑注射液	兽药典 90 版	牛 14 日，羊 28 日，猪 28 日，泌乳期禁用
磷酸哌嗪片（驱蛔灵片）	兽药典 2000 版	牛、羊 28 日、猪 21 日，禽 14 日
磷酸泰乐菌素预混剂	部颁标准	鸡、猪 5 日

参考文献

陈溥言. 2017. 兽医传染病学 ［M］. 北京：中国农业出版社.

强巴央宗. 2011. 藏猪饲养实用技术 ［M］. 北京：中国农业出版社.

王佳贵等. 2010. 高效养猪关键技术 ［M］. 北京：化学工业出版社.

邢军. 2017. 养猪与猪病防治 ［M］. 北京：中国农业出版社.

徐有生. 2005. 瘦肉型猪饲养管理及疫病防制 ［M］. 北京：中国农业出版社.

杨公社. 2005. 猪生产学 ［M］. 北京：中国农业出版社.

张子仪. 2000. 中国饲料学 ［M］. 北京：中国农业出版社.